安徽非物质文化遗产丛书

传统技艺卷

宣纸

安徽省文化和旅游厅　组织编写

主编　樊嘉禄　副主编　宋　煦

黄飞松◎著

时代出版传媒股份有限公司
安徽科学技术出版社

图书在版编目（CIP）数据

宣纸 / 黄飞松著. --合肥：安徽科学技术出版社，2020.6
（安徽非物质文化遗产丛书·传统技艺卷）
ISBN 978-7-5337-8085-2

Ⅰ．①宣…　Ⅱ．①黄…　Ⅲ．①宣纸-介绍
Ⅳ．①TS766

中国版本图书馆 CIP 数据核字（2019）第 272518 号

宣纸　　　　　　　　　　　　　　　　　　　　　黄飞松　著

出 版 人：丁凌云　选题策划：蒋贤骏　余登兵　书稿统筹：期源萍　付　莉
责任编辑：期源萍　文字编辑：胡彩萍　　　　　责任校对：王　静
责任印制：李伦洲　装帧设计：武　迪
出版发行：时代出版传媒股份有限公司　http://www.press-mart.com
　　　　　安徽科学技术出版社　　　　　http://www.ahstp.net
　　　　　（合肥市政务文化新区翡翠路 1118 号出版传媒广场，邮编：230071)
　　　　　电话：（0551)63533330
印　　制：合肥华云印务有限责任公司　　电话：（0551)63418899
（如发现印装质量问题，影响阅读，请与印刷厂商联系调换）

开本：710×1010　1/16　　　印张：11　　　字数：220 千
版次：2020 年 6 月第 1 版　　2020 年 6 月第 1 次印刷

ISBN 978-7-5337-8085-2　　　　　　　　　　　定价：48.00 元

安徽非物质文化遗产丛书
出版委员会

丛书前言

　　皖地灵秀,文脉绵长;风物流韵,信俗呈彩。淮河、长江、新安江三条水系将安徽这方土地划分为北、中、南三个区域,成就了三种各具风范和神韵的文化气质。皖北的奔放豪迈、皖中的兼容并蓄、皖南的婉约细腻共同构成了一幅丰富而生动的安徽人文风俗画卷,形成了诸多独具魅力的非物质文化遗产。

　　习近平总书记指出,文化自信是一个国家、一个民族发展中更基本、更深沉、更持久的力量,坚定中国特色社会主义道路自信、理论自信、制度自信,说到底就是要坚定文化自信,没有文化的繁荣兴盛,就没有中华民族伟大复兴。

　　非物质文化遗产是各族人民世代相承、与民众生活密切相关的传统文化的表现形式和文化空间,是中华传统文化活态存续的丰富呈现。守望它们,就是守望我们的精神家园;传承它们,就是延续我们的文化血脉。

　　安徽省现有国家级非物质文化遗产代表性项目88项,省级非物质文化遗产代表性项目479项。其中,宣纸传统制作技艺、传统木结构营造技艺(徽派传统民居建筑营造技艺)、珠算(程大位珠算法)3项入选联合国教科文组织命名的人类口头与非物质文化遗产名录。

　　为认真学习贯彻习近平总书记关于弘扬中华优秀传统文化系列重要讲话精神,落实《中国传统工艺振兴计划》及《安徽省实施中华优秀文化传承发展工程工作方案》,安徽省文化和旅游厅、安徽出版集团安徽科学技术出版社共同策划实施"安徽非物质文化遗产丛书"出版工程,编辑出版一套面向大众的非物质文化遗产精品普及读物。丛书力求准确性与生动性兼顾,知识性与故事性兼顾,技艺与人物兼顾,文字叙述与画面呈现兼顾,艺术评价与地方特色描述兼顾，全方位展示安徽优秀的非物质文化遗产（简称"非遗"），讲好安徽故事，讲好中国故事。

本丛书坚持开放式策划，经过多次磋商沟通，在听取各方专家学者意见的基础上，编委会确定精选传统技艺类、传统美术类、传统医药类非遗项目分成三卷首批出版，基本上每个项目一个单册。

各分册以故事性导言开篇，生动讲述各非遗项目的"前世今生"。书中有历史沿革和价值分析，有特色技艺展示，有经典作品解读，有传承谱系描绘，还有关于活态传承与保护路径的探索和思考等，旨在对非遗项目进行多维度的呈现。

各分册作者中，有的是长期从事相关项目研究的专家，在数年甚至数十年跟踪关注和研究中积累了丰富的资料；有的是相关项目的国家级非物质文化遗产代表性传承人，他们能深刻理解和诠释各项技艺的核心内涵，这在一定程度上保证了丛书的科学性、权威性、史料性和知识性。同时，为了利于传播，丛书在行文上讲究深入浅出，在排版上强调图文并茂。本丛书的面世将填补安徽非物质文化遗产研究成果集中展示的空白，同时也可为后续研究提供有益借鉴。

传承非遗，融陈出新，是我们共同的使命。宣传安徽文化，建设文化强省，是我们共同的责任。希望本丛书能成为非遗普及精品读物，让更多的人认识非遗、走近非遗，共同推动非遗保护传承事业生生不息、薪火相传。

CONTENTS

传统技艺卷

CHUANTONG

导言

宣纸

JIYI

JUAN

在世界造型艺术之林中,将浓淡、干湿、阴阳、虚实、飞白与皴擦、点线与重彩巧妙地糅合在一起的,只有中国书画才能做到。被誉为现代艺术创始人的西班牙画家毕加索在评价中国书画艺术时说:"没有一点颜色,用一根线画水,却使人看到江河,嗅到了水的清香,真是了不起的奇迹!有些画看上去一无所有,却包含着一切,连中国字都是艺术。"为这样一种艺术形式呈现提供保障的就是宣纸。只有宣纸,才能将中国书画创作者的艺术修养、理想追求和情感表达,变化莫测地全方位展现,形成中国书画艺术的精神,所以中国书画艺术的发展与宣纸有着血脉相连的关系。

笔墨当随时代,从先秦时期的壁画到唐宋以后发展的纸本画,特别是宣纸与中国书画艺术建立密切发展关系后,无论时代怎样变化,中国书画艺术依靠宣纸发展的关系不可变。然而,随着时代的发展,人们对宣纸产生了很多误解,主要体现在:一是认为只要是柔性有帘纹的纸就是宣纸,只要能用毛笔蘸墨书写、绘画的也是宣纸;二是宣纸的产地不受地域限制,日本、韩国等国及中国台湾、浙江、云南、广西、四川等地都能产宣纸;三是宣纸有机制和手工之分,人们认为最好的是手工宣纸;四是宣纸是某个人或某个家族发明的。

导致人们对宣纸产生误解的主要原因,一是部分商人受到利益的驱使,为了将手中劣质的手工纸或低成本的机械纸充当宣纸卖给终端消费者,采用了虚假宣传;二是很多手工纸的传统文化功能随着工业化社会的到来而弱化或消亡,由于这些手工纸也具备一般的书写、绘画特性,故被终端消费者误认为是宣纸;三是宣纸一直是各地手工纸争相模仿的对象,这些手工纸也冠以"宣纸"之名销售;四是宣纸是由手工纸在流传过程中注入地方元素后诞生的特有纸种,其技艺和表现形式的成熟是一个渐进的过程,并非某个人或某个家族能在短时间内发明创造的。这些现象的出现严重干扰了宣纸技艺的正统传承。

宣纸产于唐代泾县一带,因归属于宣州府而得名,最早记载"宣纸"的文献是唐代书画评论家张彦远所著的《历代名画记》:"好事家宜置宣纸百幅,用法蜡之,以备摹写。"据《旧唐书》《新唐书》《唐六典》载:"宣州贡纸、笔。"明清时期,多部《泾县志》记载,宣纸最迟在明代由巡按衙门直接从泾县宣阳都提调;清代康乾盛世期间,改成内差采买、布政司运输。由此说明,宣纸因不同于他地的纸张进贡方式而彰显出非凡地位,形成了独特而灿烂的宣纸历史文化。《现代汉语词典》《辞海》中对宣纸的诠释为"一种书画用纸。用檀树皮为主要原料制成。原产于唐代宣州(今安徽泾县),故名。纸质洁白、细致、柔软,宜书宜画,也用于雕版印刷。原有渗化性能的,称'生纸';煮捶或上蜡研光的,称'熟纸'。"

　　在1200多年的历史传承中,宣纸技艺在不断注入泾县地方元素的过程中,与泾县的人文环境紧密联系在一起,形成鱼水关系。工艺发展成熟后的宣纸,以安徽省泾县及其周边地区的青檀皮和沙田稻草为原料,在泾县的自然环境、水质、气候条件下,经过反复的浸泡、清洗、蒸煮、腌沤、发酵等工序,通过日晒雨淋的自然漂白后,按不同比例混合,再经过捞纸、晒纸、剪纸等工序完成,须历时2年多、经100多道工序。即使使用同样的原料,如果没有泾县的自然环境、水质和气候,制作出来的纸也达不到宣纸的质量要求。

　　2002年,宣纸被列为国家原产地域(后改为地理标志)保护产品;2006年,宣纸制作技艺被列入首批国家级非物质文化遗产代表作名录;2009年,宣纸传统制作技艺被联合国教科文组织列入人类非物质文化遗产代表作名录,成为中国文房四宝行业中唯一进入人类非遗的项目。

第一章　宣纸的起源与历史沿革

宣纸是传统手工纸的杰出代表，始于唐代，产于泾县，质地精细、纹理清晰、绵韧而坚、百折不损，有『轻似蝉翼白如雪，抖似细绸不闻声』之誉；光而不滑，吸水润墨，宜书宜画，不腐不蠹，有『纸寿千年』『纸中之王』『国之瑰宝』之称。文书典籍、佛道经文、书画珍品大多赖宣纸千古传存，唐代就将宣纸列为贡品。宣纸产地泾县最迟在明代就已成为中国造纸重镇；宣纸技艺因作为2008年北京奥运会华丽开篇而享誉全球。

第一节
宣纸产生的历史背景

　　关于宣纸的起源有一个美丽的传说，相传东汉造纸"鼻祖"蔡伦去世后，其弟子孔丹见师傅的画像因天长日久逐渐变色，且遭虫蛀，十分痛心，决心造出一种能抗老化、防虫蛀、不走形、洁白如玉的上等佳纸，重新为师尊蔡伦画像，以示缅怀。孔丹在经过无数次努力后未获成功，便打点行装，跋山涉水，来到皖南泾县山区，偶见一株倒伏在山溪流水中的青檀树枝，因经年流水冲洗、浸泡，树皮已发白。孔丹灵机一动，决定用此作为原料来制纸。于是，他就此定居，经反复试验，终于造出洁白如玉的好纸，这种纸后来被人们称为"宣纸"。（图1-1）

溪水
—
图1-1

　　这个民间传说蕴含了智慧、勤劳、善良、勇敢、仁义等品质，赋予中国古代劳动人民完美的形象。按照农耕科技进程并结合古代文献可知，宣纸是中国古代手工纸在流传过程中，注入地方元素后诞生的地方纸种。其理由有以下几点。

　　其一是蔡伦供职于东汉宫廷，蔡伦改进了造纸术，以树皮、烂麻、渔网制作

"蔡侯纸①",提炼并形成了造纸术,使当时的首都洛阳成为造纸术的集大成之地。东汉后期,曹操"携天子而令诸侯",建立魏国,统一了中国北方政权。魏国首都许昌与曹操家乡亳州紧邻洛阳,故将皖北亳(州)淮(河)与中原洛(阳)许(昌)文化衔接,形成皖地与中原文化融通;因曹操家乡建设的需要,作为当时先进生产力代表的造纸术传入皖北,随着皖地的政治文化交流,完全有可能迅速传入长江以南。②

其二是西晋云康至光熙年间,"八王之乱"造成北方士族整建制、大范围南迁到江南地区,中原的精英文化与先进生产力的代表也随之南迁。关于这一进程,宋代新安进士罗愿所著《新安志》(图1-2),明人所著《新安名族志》《新安大族志》等,均有清晰的历史脉络。

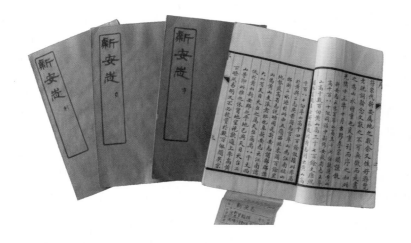

《新安志》
－
图1-2

其三是晋元帝司马睿建都南京,伴随着东晋王朝的产生和南朝的划江鼎立,汉民族政治文化中心的东移带来了本地化的用纸需求,加上长江以南地区丰富多样而又充足的造纸原料供给,给造纸术的广泛传播与发展带来重大契机和影响,当时的江苏、浙江、安徽等区域应是最早受其惠泽的区域。③

①(南朝宋)范晔.后汉书:第12册.(唐)李贤注.北京:中华书局,1965:
　2513.
②黄飞松.安徽手工纸发端、演进与业态之考究[J].合肥:书画世界,
　2017(2):18-19.
③黄飞松.安徽手工纸发端、演进与业态之考究[J].合肥:书画世界,
　2017(2):19.

特殊的历史时期和不断发生的政治事件,导致农耕科技加速传播,加上安徽特殊的地理位置和资源,为手工纸制作带来了很大的发展空间。其原因主要有:一是北方造纸供给中断,近地的消费需求迅速上升;二是皖南丰富的原材料供给,各种原辅材料在尝试中使用,促进了技术的发展;三是便利的水路交通使当时先进的工艺技术传播较快,农耕时期的技术融通与交流促进手工纸的业态发育;四是皖南地区独特的区位优势和地理条件吸引多种文化及掌握先进技艺的人群的进入,使农耕文明和手工技艺快速发展。隋唐时期作为贡纸开始享誉全国的宣纸、徽纸、池纸等高水平造纸体系不可能一蹴而就,应该是在这一阶段起源并初步发展成型的,这些原因也是造成宣纸萌发的重要社会背景。

第二节
宣纸研究在唐代已露端倪

最早记载宣纸的文献是唐代张彦远所著的《历代名画记》(图1-3),其卷二《论画体工用拓写》中记载:"江南地润无尘,人多精艺,三吴之迹,八绝之名。逸少右军,长康散骑,书画之能,其来尚矣。《淮南子》云:宋人善画,吴人善治,不亦然乎。好事家宜置宣纸百幅,用法蜡之,以备摹写。古时好拓画,十得七八,不

《历代名画记》
－
图1-3

失神采笔踪,亦有御府拓本,谓之官拓。国朝内府、翰林、集贤,秘阁承平之时此道甚行。"文中还论述特定地域活动人群的特长,如宋[①]人善于绘画,吴[②]人善于管理与创新。其中不仅提到宣纸,而且谈到宣纸产于江南。

该文献的作者张彦远出身于仕宦书香之家,其高祖张嘉贞、曾祖张延赏、祖父张弘靖、父亲张文规世代酷爱收藏字画,家中藏品可与皇室媲美。这样的家庭文化氛围成就了张彦远书画理论和鉴赏领域的高峰。因其接触的都是书画艺术精品,对高档书画用材的认识非一般人可比,所著的《历代名画记》《法书要录》《彩笺诗集》不仅在中国古代艺术史上占有重要地位,而且在《历代名画记》中提炼的"书画同源与书画同法、绘画的社会功能、绘画的审美风格、师承源流"等论述,也成为书画艺术界不可或缺的经典论述,是我国最早的绘画史和绘画理论领域的"百科全书",开启了书画载体的研究先河,为追溯宣纸历史起到了不可替代的作用。

另有《旧唐书·韦坚传》(图1-4)记载:唐天宝二年(743年),陕郡太守兼水陆转运使韦坚引沪水到长安城东望春楼下,汇积成广运潭,请唐玄宗登楼观赏检阅。在数百艘郡漕船中,唯有宣城郡船载纸、笔。《新唐书·地理志》(图1-5、图1-6)载:"宣州宣城郡望士贡银、铜器、绮、白纻、丝头、红毯、兔褐、簟、纸、笔、署预、黄连、碌青。"据清嘉庆年间编纂的《宁国府志》(图1-7)记载:唐时"纸在宣(城)、宁(国)、泾(县)、太(平)皆能制造,故名宣纸",而"泾人所制尤工",说明当时的"宣纸"名甲天下,才被列为"贡品"。

《旧唐书》
—
图1-4

---

①周朝地名,今河南商丘。
②周朝地名,长江下游地区的姬姓诸侯国。

《新唐书》
—
图1-5

《新唐书》内文
—
图1-6

漳州漳浦郡，下。垂拱二年析福州西南境置，以南有漳水爲名，并置漳浦、懷恩二縣；初治漳浦，開元四年徙治李澳川，乾元二年徙治龍溪。戶五千八百四十六，口萬七千九百四十。縣三。龍溪，中下。本龍巢州，後隸武榮州，開元二十九年來屬。漳浦，中下。開元二十九年省懷恩入焉，有黎山。龍巖，中下。

右東道探訪使治蘇州。

一〇六六

唐書卷四十一

宣州宣城郡，望。土貢：銀、銅器、綺、白紵、絲頭紅毯、兔褐、簟、紙、筆、署預、黃連、碌青。有鉛坑一。戶十二萬一千二百四，口八十八萬四千九百八十五。縣八。宣城，望。有敬亭山。當塗，緊。武德三年折置懷安縣，六年省。南十六里有德政陂，引姑熟田二百頃，大曆二年觀察使陳少遊置。有鉛坑一。貞元和六年廢。昇州，上元二年復來屬，有銅、有鐵、有坤武山。有棠右成，有銅有鐵。涇，緊。武德三年以縣置南徐州，八年州廢來屬。安吳，上元二年省丹楊縣入焉。乾元元年隸昇州，有銅。南陵，緊。武德四年以縣置池州，并置安吳、故治、南陽、利國四縣，又更名鵲頭，懷德二縣。七年州廢，省懷德，以南陽、利國、故治、安吳來屬，至德二載更隸，宣城蘇熙州。至德二載以縣置桃州，并置桐陵、懷德二縣。有橫山。府陵，望。武德四年置桐陵池都督府，

清嘉庆《宁国府志》
—
图1-7

　　《历代名画记》《旧唐书》《新唐书》等文献为宣纸的起源与产地提供了清晰的线索，也得出宣纸因地而名的结论。宣纸在唐代已盛名天下，成为社会高层使用的高档纸代表，其品质超越同时期的窗纸、钱纸、楮纸、构皮纸、蚕茧纸、侧理纸、染黄纸、剡纸、玉版笺等纸种而成为贡品。自张彦远在《历代名画记》中开启研究宣纸的先河后，宋代以来出现不少与宣纸研究有关的文献，如《续资治通鉴长编·卷二百五十四》《钦定日下旧闻考·卷一百五十》《万寿盛典初集·卷五十六》《钦定天禄琳琅书目·卷二》《墨池编·卷六》《御定佩文斋书画谱·卷十三》《石渠宝笈·卷十八》《六艺之一录·卷三百九》《文房四谱·卷四》《通雅·卷三十二》《类说·卷七》《元明事类钞·卷二十二》《御制诗集·初集·卷十二、卷十三》《历代诗话·卷七十九》《松泉集·卷六、卷十七、卷十八》等。其研究各有侧重，均被收录于清代编撰的《四库全书》中。

　　地方史志上对宣纸也有相关的记载。泾县古代从南宋嘉定初年（1208年）开始修志，到清道光五年（1825年）的600多年里，共修纂志书15次。留存至今、最早的《泾县志》（图1-8、图1-9）是明嘉靖三十一年（1552年），由曾任户部郎中行人司司正的泾县本地人王廷干修纂，其中记载："巡按衙门岁解纸张俱出泾县宣阳都槽户制造，差官领解。①"据此文献，"坊都"一节记载："宣阳都"归"由

明嘉靖三十一年《泾县志》
－
图1-8

明嘉靖三十一年《泾县志》
内文
－
图1-9

①天一阁藏明代方志选刊续编·泾县志[M].上海：上海书局，1990：161.

道乡"所辖,根据古今地名对照和明清时期行政单位"都""图"分析,"宣阳都"为现泾川镇、汀溪乡、榔桥镇三乡(镇)交会处。清顺治十三年(1656年)重修的《泾县志》(图1-10、图1-11)亦有同样的记载。这些线索表明了宣纸的产地和运送方式。又据明嘉靖十五年(1536年)编纂的《宁国府志》(图1-12)记载:"岁办解纸脚价银二十七两,每巡按御史差解都察院,纸剐则给之。"当时的宁国府共辖泾县、旌德、太平、宣州、宁国、南陵六县,这条信息说明巡按御史押运纸至都

清顺治十三年《泾县志》
－
图1-10

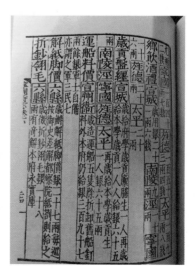

清顺治十三年
《泾县志》内文
－
图1-11

明嘉靖十五年
《宁国府志》内文
－
图1-12

察院需支付27两银子的力资，也可从中获取到朝廷每年调运纸的大致数量。明嘉靖之前多次修纂的《泾县志》已难查找，是否也有同样的记载暂时难以考证。在其中还发现其他一些线索，明代由巡按衙门提调纸张的"宣阳都"在唐代就是乡级建制，此名可能与宣纸相关，此为其一；其二，如此庞大的单一物产提调、解送信息，可以反映出泾县就是明清时期的产纸重镇；其三，这些文献信息中都没直称"宣纸"，是否与朝廷规避制度有关尚未考察清楚。这三点有待于进一步考证与研究。

　　清乾隆十七年（1752年）郑相如编纂的《泾县志》（图1-13）中记载："食货之属，泾纸供上用者曰金榜，高四尺，阔四尺五寸。槽户岁制，差官领解。明时由巡按，国朝由布政司，每岁户部发价银三万两额解至京。康熙戊戌后，内差采买。最大曰潞王，高一丈六尺，明潞藩制式；次曰白鹿，高一丈二尺；曰画心，一曰澄心堂；曰罗纹，赵氏新仿古式；曰卷廉，闹墨所用；曰连四，曰公单，悉常用。俱出湖北冲、慈坑、宋村、小岭诸处。"说明了进贡方式的变迁、品种、传承和产地等。

　　清乾隆十八年（1753年）钱人麟编纂的《泾县志》（图1-14）中记载："游马山，由百花尖山中出，而北趋至此。高险不可升，旁有枫树坪，广数百亩，周围以石垒寨（相传晋桓彝建，尝屯军于上），相连有桃花洞，上悬绝壁，下临清泉，暮

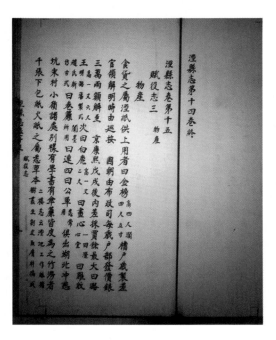

清乾隆十七年《泾县志》
一
图1-13

清乾隆十八年《泾县志》
-
图1-14

春桃花波绿,溪山回映,不减武陵。甘坑、密坑二水出焉(取甘水以造纸,莹洁,光腻如玉,泾纸称最),达乌溪。"两版《泾县志》为前后年成书,从内容上看,二者没有冲突,起互为补充的作用,特别是钱人麟的《泾县志》上谈到甘坑、密坑、乌溪等水域产好纸,与明嘉靖版《泾县志》上提到的"宣阳都"地名再次吻合,说明了宣纸产地的一脉相承关系。

后续的清嘉庆十一年(1806年)由洪亮吉编纂的《泾县志》(图1-15、图1-16)上也写道:"游马山,在百花尖山北。由百花尖山中出,而北趋至此。高险不可升,旁有枫树坪,广数百亩,周围以石垒寨。相连有桃花洞,上悬绝壁,下临清

清嘉庆十一年《泾县志》
-
图 1-15

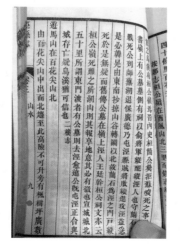

清嘉庆十一年《泾县志》内文
-
图1-16

泉,甘坑、密坑二水出焉,达乌溪。甘坑所造纸为泾县之最,盖取甘水所制,莹洁而耐久,远近传之。"再次提到水与纸的关系,说明古人已充分认识到宣纸与泾县山水、土壤、气候的关系了。

明代沈德符在《飞凫语略》中曾说:"泾县纸,黏之斋壁,阅岁亦堪入用,以灰气且尽,不复沁墨。"[1]明文震亨《长物志》(图1-17)记载:"国朝连七、观音、奏本、榜纸俱不佳……吴中洒金纸,松江潭笺,俱不耐久,泾县连四最佳。"[2]明末清初方以智在《物理小识》(图1-18)中指出:"永乐于江西造连七纸,奏本出沿

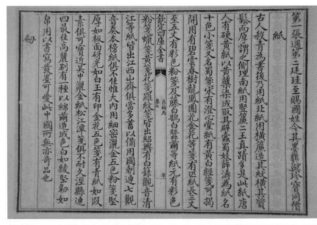

《长物志》内文
－
图1-17

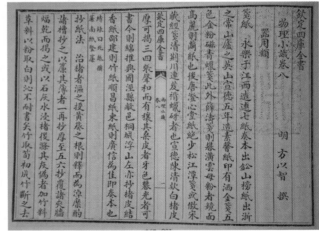

《物理小识》内文
－
图1-18

[1] (明)沈德符.飞凫语略[M].上海:商务印书馆,1937:8.
[2] (明)文震亨.图版长物志[M].汪有源,胡天寿,译.重庆:重庆出版社,
　2008:338.

山,榜纸出浙之常山、庐之英山。宣德五年造素馨纸,印有洒金笺、五色金粉、磁青蜡笺。此外,薛涛笺则矾潢云母粉者,镜面、高丽则茧纸也。后唐澄心堂纸绝少,松江潭笺或仿宋藏经笺渍荆川连芨褙蜡砑者也。宣德陈清款,白楮皮厚,可揭三四张,声和而有穰。其桑皮者,牙色矾光者可书,今则绵推兴国、泾县。"从上述文献记载中可以看出,当时文人士绅较普遍地认为泾县纸质量上佳。

　　明代吴景旭在《历代诗话》(图1–19)中记载:"宣纸至薄能坚,至厚能腻,笺色古光,文藻精细,有贡笺,有棉料(式如榜纸,大小方幅可揭至三四张……),后则有白笺,有洒金笺,有洒金五色粉笺,有金花五色笺,有五色大帘纸,有磁青纸……"说明当时宣纸的品种已经非常丰富,既有高档的贡纸,也有普通的棉料,还有特殊品种夹宣和加工纸。清代查慎行在《人海记》中也提到宣纸。[1]邹炳泰在《午风堂丛谈》中称:"宣纸陈清款为第一。薛涛蜀笺、高丽笺、新安仿宋藏金笺、松江潭笺,皆非近制所及。"通过对比分析,更体现出宣纸的品质,在全国各地其他纸张中显得出类拔萃。

《历代诗话》
–
图1–19

　　清代乾隆、嘉庆年间编著的大型著录文献《石渠宝笈·卷十八》中载:"御题诗云:宣纸一幅刚尺一,中有千山高崒峚,摩挲象轴认虫文,喜是麓台老来笔;麓台年老笔亦老……" 康熙进士储在文宦游泾县时所作的《罗纹纸赋》(图1–20)中,同样有宣纸研究的信息:"山棱棱而秀簇,水汩汩而清驶。弥天谷树,阴连铜宝之云;匝地杵声,响入宣曹之里。精选则层岩似瀑,汇微则孤村如市。度来白鹿,尺齐十一以同归;贡去黄龙,筐实万千而莫拟。固已轶玉版而无前,驾银光而直起……越枫坑而西去,咸夸小岭之轻明。渡马渎以东来,并说曹溪之

---

①同文见(清)英廉等编《钦定日下旧闻考·卷一百五十》。

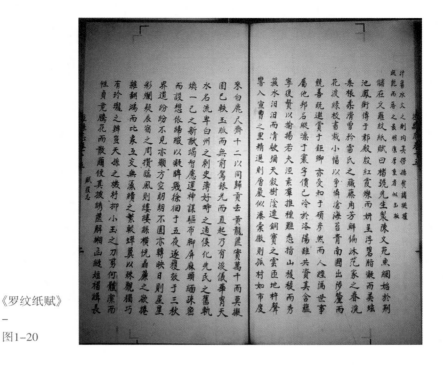

《罗纹纸赋》
—
图1-20

工致。"《罗纹纸赋》不仅谈到了自然环境，还提及原料信息。从储在文的文中不难看出，康熙年间，泾县有相当规模的高端纸品制作基地。此赋在"并说曹溪之工致"中还透露出一种产佳纸的信息，与现存的几个时期的《泾县志》所提及的信息相吻合。各类信息均体现出宣纸研究不凡的成果。

第三节
成熟的制作技艺与传承谱系自宋代清晰

宋代，宣纸取得了进一步发展，其制作中已加入短纤维的稻草浆料，与长纤维的青檀皮浆料配合使用，形成互为支撑的关系。现藏于安徽博物院、由宋代张即之书写的《张即之抄经册》（图1-21）以及北京故宫博物院藏的李公麟（图1-22）等书画家作品中，其纸张多为青檀皮与稻草混合制成。由此可见，宣

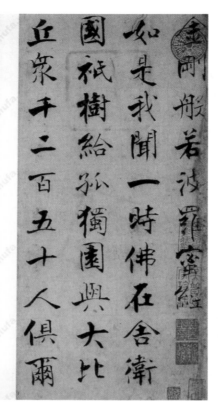

张即之抄经册（现藏于安徽博物院）
—
图1-21

李公麟《临韦偃牧放图卷》（现藏于北京故宫博物院）
—
图1-22

纸技艺的核心内容已在宋代日常生产中广泛实践,技艺已经走向成熟,所以才引得宋代诗人王令在《再寄满子权》中赞道:"有钱莫买金,但买江东纸,江东纸白如春云。"当时的泾县不仅被称为"江东",还有"江左""江表"等称谓。宋人李焘所撰的《续资治通鉴长编》第254卷记载:"熙宁七年六月,诏降宣纸式下杭州,岁造五万番,自今公移常用纸,长短广狭,毋得与宣纸相乱。"这说明当时朝廷为解决宣纸供需矛盾,下令移宣纸工艺于外地,借以增加产量,并对宣纸的使用范围进行了规定。由此说明当时社会对宣纸的认同。

据光绪十九年(1893年)修撰的泾县汪氏《西园家谱》(图1-23)记载:北宋皇祐年间(1049—1053年)由旌德"迁石川松木坊(今漕溪)"从事宣纸生产。元末明初时,汪氏衍庆公"避乱迁宣阳都中郎坑"。明朝的漕溪七里坑有"太和庄"宣纸棚,棚主被誉为"汪百万",这是宣纸发展史上最早发现的传承记载。《西园家谱》赞衍庆公"才可大用,志惟乐田。遭时之乱,凤隐龙潜北山之北,中郎之坑。本深枝茂,荣泾耀宣……"其后代汪大谦在清雍正年间创制了"汪六吉"宣纸,成为宣纸发展史上最早的品牌,驰名于清代中后期。

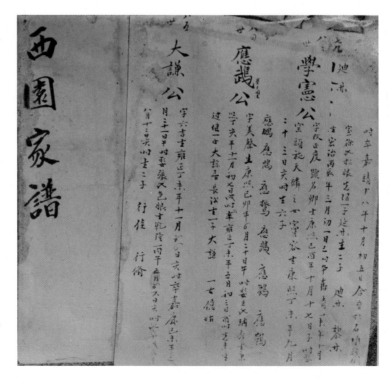

《西园家谱》

图1-23

　　据民国三年（1914年）重修的《小岭曹氏宗谱》（图1-24）序言载："泾，山邑也，故家大族，往往聚居山谷间，至数千户焉，邑西二十里曰：小岭曹氏居焉。曹为吾邑望族，其源自太平，再迁至小岭，生齿繁夥，分徙十三宅。然田地稀少，无可耕种，以蔡伦术为生业。故诵读之外，经商者多……"而曹氏在清乾隆四十二年（1777年）修的《谯国曹氏宗谱》（图1-25）只记载了"……钟公播迁春谷，爱绿峰山环虬川水绕，遂卜居焉，厥后七世孙百十一公生二子，长大一公，次大三公。宋元之际，兵戈迭起，大三公携其二子二七公、二八公避乱小岭，族由是蕃"。乾隆年间的《曹氏宗谱》说明了曹氏迁居泾县的时间，民国年间的宗谱指出了传承信息。

民国年间重修的《小岭曹氏宗谱》

图 1-24

《谯国曹氏宗谱》

—

图1-25

　　这两大家族为宣纸技艺传承谱系提供了较为明晰的乡邦记载。储在文的《罗纹纸赋》中记载："弥天谷树，阴连铜宝之云；匝地杵声，响入宣曹之里……越枫坑而西去，咸夸小岭之轻明。渡马渎以东来，并说曹溪之工致。"在叙述宣纸原料产地、生产场所等内容时，赞赏了曹溪所产宣纸的质量，与传承谱系有一定的关联性。

郑相如编的《泾县志》中记载："……曰罗纹，赵氏新仿古式；曰卷廉，闱墨所用；曰连四，曰公单，悉常用。俱出湖北冲、慈坑、宋村、小岭诸处。"其中提到的信息至少有五项，一是在康熙戊戌（1718年）年后，由内务府采买，布政司解送。二是每年从泾县发走价值3万两白银的宣纸，按照当时的物价折算，至少有100吨宣纸。三是产地除宣阳都的湖北冲、慈坑、宋村外，已扩充到小岭。四是提到了宣纸品种，其中的金榜、潞王、白鹿、罗纹等品种一直在沿用。五是提到赵氏制纸，因首次在地方史志中出现某个宗族制纸信息，这比此前的汪氏、曹氏更为可靠；而汪氏、曹氏制纸传承只是出现在乡邦文书（宗谱）中。在传承谱系中，晚清叶德辉的《书林清话》（图1-26）记载："唐张彦远历代名画记亦称，好事家宜置宣纸百幅用法蜡之，以备摹写，则宣城诸葛氏抑或精于造纸也。"这两个比乡邦宗族文书更为可靠的文献，说明除了赵氏，还有诸葛氏等家族制作宣纸。尽管后续文献资料和业态信息中没有体现赵氏、诸葛氏两个家族与宣纸技艺传承有过高的关联度，至少在当时留下了一定的传承脉络，为宣纸传承谱系研究提供了一定的依据与参考。

《书林清话》内文

图1-26

第四节
清代宣纸商帮的勃兴

宣纸之所以能名扬天下,与其独特的功能密不可分。除此之外,宣纸能被古今中外用户接受,还有一个较为重要的原因,就是宣纸的营销。如果没有历代泾县人对宣纸的营销,宣纸的影响可能没有这么大。从留存至今的史料分析,明清时期就已经形成了宣纸的销售群体或商人群体,这样的销售群体可以被称为"宣纸商帮"。(图1-27)

明清时期,宣纸的文化功能得到开发后,刺激了产业的发展。为寻求更大的发展,泾县人可能在清代初中期就开始以家族、同业为纽带,逐步向外地销售宣纸,从而形成有一定联系的宣纸商帮。宣纸商帮的形成与经营区域范围和人群有关:一是需要有一定的经营区域为支撑;二是需要有一定数量的宣纸商人为基础。根据资料显示,清代中期前宣纸商帮以汪氏为主,清末及民国年间以曹氏为主。清代初中期有不少宣纸厂家在北京开设纸号,仅嘉庆十一年(1806年),北京泾县会馆《捐修义园文》中所记载的义捐纸号就有六吉号、永聚号、义合号等12家。

泾县古渡
–
图1-27

嘉庆十一年(1806年)捐修义园名录

九合号:经手人汪怡园;

永聚号:经手人汪怡园;

楚才夏记:经手人郑明宇;

六吉号:经手人汪靖臣;

义合号:经手人沈培元;

元记、玉记号:经手人郑明宇;

林一号:经手人峻记张俊书;

旭大号:经手人汪瑞五;

开阳号:经手人袁瑞徽;

大生号:经手人汪瑞侯;

道生号:经手人吴星垣;

情田号:经手人汪献臣。

其后的商帮主要驻扎在长江沿线大中城市,而北京则较为少见。这可能是为了运输方便。在当时的社会条件下,短途运输主要是陆路,依靠肩挑、手推、驴驮、马载等方式,这种方式能覆盖到点,缺点是成本高。而水路运输不仅快捷,还能节约成本。通过青弋江可以顺流到南陵、湾址、芜湖、南京、上海等地,也可到芜湖后,溯长江而上达悦州、武汉等地。所有货物沿水路到点后,再转运至水路不发达地区,或者直接驻点销售。清末至民国期间,泾县40多家宣纸棚户中,有28家分别在沪、苏、汉、宁、芜等地设立纸栈、发行所、纸店,专事销售业务。上海是宣纸对国内外销售的枢纽,苏州是黄宣的主销地,芜湖是转运销售的集散地。各纸厂和发行所均以批发为主,成批向外销售。零售业务由当地纸号经营。未在外地设栈的棚户,则委托他栈代为推销,付给手续费。为拓宽销路,各栈均有联系业务的专职人员(旧称"跑街")。此外,尚有往来于主客户之间的"掮客"(不属于某一家的"跑街"),在纸栈所在城市以成批或零星推销宣纸谋生。宣纸业兴盛时,各棚户产品均有较固定的销售对象 (俗称"老主顾")。外销产品以薄型为主,销售对象以日本、东南亚各国及中国香港、澳门地区为大宗,欧美各国次之。国内以净皮、棉料、黄宣为主。(图1-28)

民国年间宣纸商标一

图1-28

农耕时期用以运货的
布帆船

图1-29

日本侵华后,国人罹难,题书作画、修谱、藏经等文化活动基本停止,宣纸销量锐减,各商埠纸栈相继停业。为开拓新的销售渠道,各厂家开始加工新品种宣纸投放市场,以适应自来水笔书写和装潢裱托之用。同时为开辟后方销售市场,用人力、畜力运宣纸至屯溪,然后用汽车运至湘、赣、渝、蓉等地销售。

新中国建立之初,仅有少数几家棚户生产宣纸,销路不畅,产品积压。1951年泾县宣纸联营处成立,开展新的销售业务。1953年6月,由泾县供销合作总社等单位组织"工农业物资交流会",宣纸产品受到来自皖南、皖北各县市以及南京等地商界代表的欢迎,并开始建立业务往来,后来产品逐步行销到京、津、沪、宁、苏州、武汉等地,出现产销两旺的新局面①。(图1-29)

1954年,宣纸企业实行公私合营后,产销纳入国家计划。北京荣宝斋成为主要销售对象,同时销往上海、西安、重庆、武汉、广州、南京等城市。黄宣销售仍以苏、杭二地为主。

1957年始,宣纸由国家商业部统一包销,实行计划供应。具体业务由县供销总社(后归土产公司)办理,外销任务由出口业务部门下达。这一包销形式直到1968年终止。1969年起,中央轻工业部、商业部将年度生产和销售计划下达到工厂,产、销不能直接见面和信息不通状况得到缓解。1984年12月,泾县成立"中国宣纸公司",将宣纸的计划经营权收归本县,承担国营、集体、获批后的乡镇企业宣纸的销售,没有纳入计划的宣纸企业自产自销。出口部分通过广州、深圳、上海等港口运往中国港澳地区及东、南亚各国和欧美各国。

随着市场经济体制走向深入,为开辟市场,泾县人走南闯北,足迹遍布中国,先以大城市为主上门推销,站稳脚跟后再逐步向中小城市延伸。在经营方

①黄飞松,汪欣.宣纸[M].杭州:浙江人民出版社,2014:53.

式上，最初是在城市租用库房，通过进名店、找名人推销产品，送货上门，而后在城市租用店面，自开实体店销售，延续了宣纸销售"家有厂，外有店"的传统。进入21世纪后，泾县宣纸、书画纸生产企业数量猛增，宣纸、书画纸企业在全国设立了300多个销售网点，形成遍布全国30个省、自治区、直辖市的销售网络。同时，泾县的宣纸、书画纸业内外人士利用网络开设各自的销售平台，在日新月异的物流体系保障下，将点对点的交易逐步转移到不受地域局限的网络销售，从有限的消费群体向无疆界人文交流过渡，形成多元化销售模式，注入时代元素的新宣纸商帮再度崛起。

第五节
战争对宣纸业的影响

千百年来，宣纸的传承一直与国运相连，国运盛宣纸业旺，国运衰则宣纸业退。清代同(治)光(绪)以前，宣纸技艺主要在泾县的由道乡(含宣阳、里仁二都)、九都至十一都、官盖乡、震山乡(现地名应为泾县的蔡村、榔桥、汀溪、泾川、丁家桥、茂林、桃花潭)等地流传(图1–30)，根据早期《泾县志》记载，纸品最优的应为由道乡的宣阳都，进贡给朝廷的宣纸大多出自于此。在宣纸近200年的发展史中，有两次战争对宣纸产业的影响巨大，直接改变了宣纸的传承关系。

第一次是太平天国起义。太平军为扩充势力范围，在泾县与清政府军队先后鏖战11年，不仅影响了社会经济发展，而且造成家毁人亡。据《泾县志》(1996年)记载，清咸丰四年(1854年)至同治三年(1864年)，太平天国的翼王石达开、匡王赖文鸿、侍王李世贤、辅王杨辅清、襄王刘官芳等率部至泾县，与清军将领易开俊、鲍超等部反复激战，六次攻克泾县县城，先后攻破茂林、章渡、管岭、汀潭、新渡、丁家渡、潘村营、小岭等地清军及地方团练营垒。咸丰十年(1860年)十月至同治二年(1863年)二月，太平军在进驻泾县期间，曾强征地方物资，在县城东门建造王府。长期兵燹与劳役的双重灾祸，造成当地居民大量死亡，尸首无人掩埋与处理，导致传染病、瘟疫流行。同治三年(1864年)，随着太平天国首

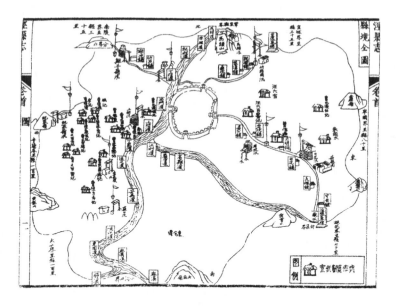

清代宣纸作坊分布图
-
图1-30

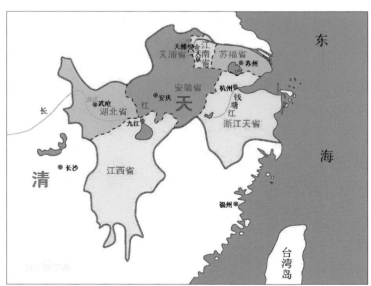

太平天国疆域示意
-
图1-31

都——天京(南京)失守,驻泾太平军撤走后,战事虽平息,但泾县却十户九空,田野一片哀鸿(图1-31),泾县绝大部分家族与本土文化直接割断,明代宣阳都贡纸也出现了历史断层,连"宣阳都"这个地名也无复存在。根据当时的《泾县志》记载,宣阳都住户以汪、叶、卫、周、赵等大族姓氏为主,而现今的泾县,这五姓人口比例并不大,可能与当时的战争有关系。所幸,同(治)光(绪)以后,宣纸技艺从大范围传承集中到曹氏一个家族传承,因此传承脉络延续也更为清晰。曹氏家族成为传承宣纸技艺100多年,并为其技艺发展做出极大贡献的宗族,也将宣纸制作的规模、影响推向一个新高度。民国初年至抗战前夕,泾县共有纸棚44家,纸槽151帘,年产宣纸数百吨,时值70余万银圆;制纸工人2 000多人,原料采制工人3 000多人,其他直接和间接为宣纸生产、销售服务的20 000人,其中泾县曹氏一族占据了主导地位。

　　清末民初,局部的社会稳定再度加快了宣纸产业的发展步伐。在当时的历史背景下,中国国门被列强洞开,各种国际交流的不断深入,使宣纸发挥了应有的作用,也因此在国内外展会中频频获奖,从而占据了一定文化地位。如:

　　1908年,宣纸在上海商品陈列比赛大会上荣获第一名。

　　1910年,"白鹿"牌宣纸在南洋第一次劝业会上荣获"最优等文凭奖"。

　　1910年,泾县"鸿记"宣纸在南洋国际第一次劝业会上获"超等文凭奖"。(图1-32)

　　1915年,"桃记"宣纸在巴拿马万国博览会上获金奖。(图1-33)

　　1926年,"汪六吉"牌宣纸、曹兴泰宣纸在美国费城举办的世博会上获金奖。

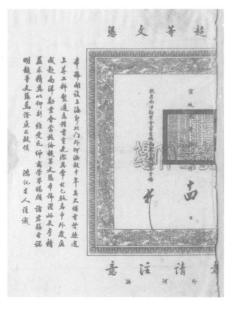

超等文凭奖
-
图1-32

金质奖章

获奖奖状

巴拿马万国博览会金奖
-
图1-33

　　第二次是抗日战争。抗日战争全面爆发后,国土沦陷。日本侵略军曾于民国二十七年至二十九年(1938—1940年)、民国三十三年(1944年)对泾县县城、云岭、中村、汀潭、小岭、枫坑、梅村、双坑、琴溪、罗家冲、赤滩、马头、水东(今桃花潭镇)、童瞳等地进行了10余次侵犯,战火所及,民不聊生。泾县县城更是受损严重,县政府不得不移至县城附近的戴家冲办公,泾县的社会经济秩序一片混乱,宣纸生产再次遭受重创。加上因国土沦陷、交通不便,常使货物不能或无法送达指定地点,货币资金也难以回笼,宣纸产量一落千丈。尽管此期间驻泾县云岭的新四军曾发动群众成立"皖南双岭坑宣纸生产合作社"和"皖南梅村宣纸原料生产合作社",并得到当时"中国工业合作协会泾太事务所"的支持,获得国际贷款,宣纸产品也以供新四军政治部印刷《抗敌》《抗敌报》等报刊及宣传单获得周转以换来产业的短暂安宁,但也仅仅维持了一年左右便因"皖南事变"而终止。(图1-34)

叶挺于1939年拍摄的泾县乌溪宣纸作坊
(原件现存于中国军事博物馆)
—
图1-34

　　抗战胜利后,泾县交通依然不畅,宣纸外运时间长,厂家资金周转困难,货物积压,生产难以维持。少量宣纸厂家虽坚持生产,却无力精工细作,产品只能廉价出售。再加上国民政府经济崩溃,通货膨胀,物价上涨,工人无以养家,厂房设施无力维护,原料基地荒芜。1949年前后,全县宣纸业全部停产,宣纸工人有的改行,有的逃荒外出,有的依靠砍柴艰难度日。

第六节
宣纸产业新生后的大发展

1949年4月,中国共产党组建的泾县人民政府成立,流落在外乡的造纸工人陆续回到家乡,散失在全县各地的宣纸工人的生活也相对安全稳定。11月,有3家造纸企业开始恢复生产。由于当时政局初定,局部战争时有发生,信息沟通、交通运输不畅,加上各厂资金不足,产品销售困难,基本都以当地及周边地区民用为主,只有少量宣纸通过各渠道外销,但价格低廉,而且纸厂时常出现今天生产、明天歇业的状况。

1951年7月,泾县人民政府通过发动、组织,由宣纸业内人士集资成立了"皖南泾县宣纸联营处"(以下简称"联营处"),选择在厂房、设备保存较好的乌溪、许湾、汪宜坑、元龙(牛笼)坑等4个地方,恢复了5帘纸槽的生产。经工人提议,在宣纸产品上加盖"红星"作为"封刀印记",以示宣纸行业的新生。联营处实行"分点生产,统一营销"的方式维持。次年6月,泾县召开了安徽部分地区及南京市城乡物资交流会,这给宣纸销售带来了契机。这一阶段的宣纸企业仍然资金短缺,无力制作新原料,大多使用新中国成立前剩余的低劣原料,制作出来的宣纸质量无法保证。1953年12月28日,联营处向泾县人民政府提出公私合营申请。此时,恰逢北京荣宝斋经理侯恺、业务员田宜生到泾县了解宣纸生产情况,安徽省委也责成工业厅参加调查。为发展宣纸生产,侯恺、田宜生往返奔波于合肥、泾县两地,经过一个多月的共同努力,宣纸生产公私合营事宜得到安徽省人民政府的批复。通过两个多月的筹备,"公私合营泾县宣纸厂"挂牌成立,开始了正常的生产、经营、管理工作。(图1-35,图1-36)

1956年,为便于生产管理,宣纸生产集中到优质水源充足的乌溪一地。1966年,所有私股退出,被转为"国营"的安徽省泾县宣纸厂正式成立,此后,其一直是全

宣纸联营处使用的胸章
图1-35

公私合营私股领息凭证
—
图1-36

中国最大的宣纸厂,生产纸槽最高峰时有100多帘。宣纸生产全部迁往乌溪后,小岭成立宣纸原料生产合作社,专事原料加工,并于1962年重新开办1帘槽生产宣纸,启用"红旗"为封刀口印,以示区别。1979年,泾县百元乡园林村创办了宣纸厂。1981年,泾县小岭宣纸原料生产合作社更名为安徽省泾县小岭宣纸厂,属集体所有制性质,注册商标为"红旗"牌,纸槽发展到20余帘,当年产量为52吨,1988年达230吨,仅次于泾县宣纸厂。

1982年,泾县人民政府在县城北郊青弋江畔筹建泾县宣纸二厂,1984年底建成投产。宣纸二厂行政管理人员与技术工人大多从泾县宣纸厂调配,所产宣纸启用清末著名品牌"鸡球"为注册商标。随后,因政府鼓励大办乡镇企业,丁桥、苏红、漕溪、黄村等乡镇也相继创建了乡办、村办、联户办、个体办的各种类型的宣纸厂。到1987年,泾县有全民所有制(国营)宣纸厂2家,集体所有制宣纸厂1家,乡镇及村组、联户办宣纸厂27家(表1-1)。宣纸产业已成为泾县工业经济的支柱产业。

随着宣纸厂的增多,宣纸产品开发能力也相应增强,品种由60多个增加到200多个,先后研发生产了"千禧宣""三丈三"等超大规格宣纸和一批特种纪念宣纸。知识产权保护领域也迅速拓宽,除个体宣纸企业在各类评比、展赛上不断获奖外,泾县也于2002年被国家质检总局批准为原产地域(现为地理标志),

受到保护。2006年,宣纸制作技艺被列入首批"国家级非物质文化遗产代表作名录"(图1-37);2009年又被联合国教科文组织公布为 "人类非物质文化遗产代表作"(图1-38)。泾县先后于 1995年、2006年、2010年被"百家中国特产之乡"命名组委会、中国工艺美术协会、中国文房四宝协会等授予"中国宣纸之乡"特色区域荣誉称号(图1-39)。

表1-1　20世纪80年代创办的宣纸厂名册①

乡别	宣纸厂名	纸厂负责人	属性	乡别	宣纸厂名	纸厂负责人	属性
丁桥	金竹坑宣纸厂	曹金修	乡办	丁桥	边河书画纸厂	张必全	联户
丁桥	黄山宣纸厂	朱长清	村办	丁桥	周村成林书画纸厂	周成林	联户
丁桥	李元宣纸厂	张水兵	村组办	黄村	草塌宣纸厂	黄必庆	村组办
丁桥	周村宣纸厂	周海珍	村组办	黄村	王府宣纸厂	王有才	村组办
丁桥	鹿园宣纸厂	张鑫泉	村办	古坝	官坑宣纸厂	董光玉	乡办
丁桥	包村宣纸厂	姚文明	联户	苏红	泥坑宣纸厂	张才千	乡办
丁桥	周村宣纸厂	周海清	联户	苏红	古艺新建宣纸厂	胡青山	村办
丁桥	生力宣纸厂	沈学斌	联户	潘村	茶村宣纸厂	张立水	乡办
丁桥	朱家宣纸厂		联户	太元	柏岭宣纸厂	张先荣	村办
丁桥	丁渡宣纸厂	张柏春	联户	太元	湖山宣纸厂	王志银	村办
丁桥	泾县乾隆裱画纸厂	张松泉	联户	漕溪	慈坑宣纸厂	安立平	乡办
丁桥	新渡书画纸厂	江义和	联户	漕溪	郭村宣纸厂	王明付	村办
丁桥	包村凤泉书画纸厂	包新林	联户	漕溪	郭村宣纸厂	叶呈韦	村组办
丁桥	肖村书画纸厂	肖江北	联户				

①此为调查名单,属首次公开。

非物质文化遗产
–
图1–37

人类非遗
–
图1–38

宣纸之乡
–
图1–39

第二章

宣纸制作技艺的基本形态

在中国传统手工纸中，特意用两种原料混合制作的纸种较为少见，宣纸就是其中之一。宣纸以青檀皮、沙田稻草为原料，通过不同配比，产生了丰富的品种。从原料种植、加工环境以及水源上形成宣纸的生态链，构成宣纸品质与泾县自然气候、水质的密切关系。宣纸技艺工序复杂，操作精细，是一般手工纸很难达到的。在传承中，多数工序依靠历代从业者口手相传，有的环节需要个人领悟方可传承，这也是宣纸工艺神妙所在。

第一节
宣纸原辅材料

一、青檀皮

青檀皮来源于青檀树(图2-1),是宣纸的主要原料之一。根据植物学分类,青檀属榆科石灰质指示性落叶乔木,阳性树种,常生于山麓、林缘、沟谷、河滩、溪旁及峭壁石隙等处。在植物学尚未分类时,青檀用于制纸,常被称为楮树,造纸学术界称其为"檀楮不分"时代。最早使用青檀名的是我国明代科学家徐光启(1562—1633年),他在《农政全书·卷五十六》中指出:"青檀树生中牟南沙岗间,其树枝条纹细薄,叶形类枣微尖,背白而涩,又似白辛树,叶微小,开白花,结青子,如梧桐子。大叶味酸涩,实味甘酸……"《野菜博录》(明·鲍山)中也有记载。

青檀树适应性强,喜钙,耐旱、耐瘠薄,根系发达,萌蘖性强,寿命长,为我国特产。青檀树分布在长城以南地区,常被选为造林树种;也能生长在酸性花

青檀林
-
图2-1

岗岩山地及河滩地、河谷溪旁、房前屋后。青檀树木材较坚硬且重，富韧性，结构较细致，可做建筑、家具、车辆及细木工等用材。古代常被用于制作弓箭，据清代陈元龙（1652—1736年）所著的《格致镜原·卷六十五》所言："遁甲开山，图河东有独头山多青檀，可以为良弓。广雅青檀似奚檕，语曰：齐人斫檀奚檕先殚。"另外，《御定渊鉴类函》《太平御览》《御定骈字类编》《御定分类字锦》《御定佩文韵府》等文献中，均有青檀树制作良弓的记载。（图2-2）

老青檀树
-
图2-2

　　青檀萌芽力很强，可将主干截断进行矮林作业。每三年截取一次枝条，枝皮优质，富含纤维，绵韧易剥，是制造宣纸的优质原料。青檀单根纤维长度最长18.0 mm，最短0.72 mm，大部分9.0~14.0 mm；宽度最大0.034 mm，最小0.007 mm，大部分0.019~0.023 mm；长宽比约276倍，相比于楮皮290倍、桑皮463倍等韧皮纤维，略显粗壮。青檀细胞壁腔大，细胞壁表面有皱褶，制成纸后吸水导墨性能好。青檀树一般6月份开花，9~10月份果实成熟。坚果有宽而薄的圆翅，通常顶端有凹缺，直径1.2~1.5 cm。种子卵圆形，直径4~5 mm，每千粒种子重约28 g，每千克种子约35 000粒。当果实由青变黄色时，可及时采集。若推迟采集，种子将飞散。最佳采收时间在9月中下旬至次年立春前。采收青檀树种子须在晴天进行，雨天采收的种子因潮湿易霉烂。采收的种子可在阳光下晾晒2~3小时，干燥后即可放在室内通风1~2天，然后装袋，贮存于阴凉、干燥、通风的室内。青檀树的栽培既可以移植、种植，也可扦插，其繁殖能力很强。青檀树除了可以用来造纸外,也可作为水土防护林。众多研究表明,宣纸所用的青檀皮,以北纬30°左右地区所产的为上品,而在泾县及其周边地区所产的青檀皮为最佳品。(表2-1)

表2-1　青檀皮的化学成分

		青檀皮	稻草
水分		11.86	9.87
灰分		4.79	15.50
抽提物	冷水	6.45	6.85
	热水	20.18	28.50
	1% NaOH	32.45	47.70
	乙醚	4.75	0.65
聚戊糖		8.14	18.06
木素		10.31	14.05
果胶(果胶糖钙)		5.60	0.21
纤维素		40.02	36.20
蛋白质		4.23	6.04

二、沙田稻草

稻草,即水稻的茎,一般指脱粒后的稻秆。水稻是一年生禾本科植物,高约1.2 m,叶长而扁,圆锥花序由许多小穗组成。水稻喜高温、多湿、短日照,对土壤要求不严(图2-3)。中国是世界水稻栽培的起源国,也是较早使用稻草制纸的

水稻
一
图2-3

国家。在我国古代大部分地区选择纤维较长的物种(麻类、树皮类)造纸,出现原料短缺时,有些地方就开始尝试用稻草造纸。据明代吕毖撰《明宫史·卷二》载:"掌印太监一员,管理金书十余员,掌司监工数十员,每年工部商人办纳稻草、石灰、木柴若干万斤,又香油四十五斤,以为膏车轴之用。抄造草纸竖不足二尺,阔不足三尺,各用帘成一张,即以独轮小车运赴平地类总入库。每岁进宫中,备宫人使用。至于皇上所用草纸,则系内官监纸房抄造,淡黄色绵软细厚,裁方可三寸余,进交官净近侍收,非此司造也。神庙至天启惟市买杭州好革纸用之,祖宗时造钞印版及红印闻其在库中贮埋,其衙门左临河后倚河有泡稻草池,而每年池中滤出石灰草渣,三百余年陆续堆积竟成一卧象之形,名曰'象山'。有作房七十二间,各具一灶突朝天,名曰'七十二凶神'。凡空阔地土最宜种蔬,今畦圃绵亘、桔槔相闻,若田家清野之象云。"(图2-4)(图2-5)

稻田
-
图2-4

稻草堆
-
图2-5

　　沙田稻草是宣纸的主要原料之一,最早使用稻草制作宣纸的历史无从查考。根据留存于今的宋代书法家张即之(1186—1263年)所作《抄经册》(现藏于安徽省博物院)和《双松图歌卷》(现藏于北京故宫博物院)分析,二作均以宣纸为载体,原料构成为青檀皮和稻草。由此说明,用稻草制宣纸的技术在宋代已经成熟。制纸的稻草对生长的土壤有一定的要求,一般为潮土、水稻土、黄红壤、黄棕壤、石灰(岩)土、粗骨土等,最适宜提供造宣纸水稻的土壤是黄棕壤、石灰(岩)土、粗骨土和水稻土。泾县、旌德、宣城等地以这些土壤居多。制纸用的稻草对水土的酸碱度也有一定的要求,pH在5.5~6.5。此环境下所产的稻草被称为沙田稻草,实践证明沙田稻草是优质的宣纸原料。制宣纸的稻草,最好选

择长秆水稻。长秆稻草比普通稻草具有成浆率高、纤维韧性强、不易腐烂、好提炼白度（指自然漂白）等特点。（表2-2）

表2-2　不同土壤稻草的化学成分

项目		泥田稻草（安徽泾县）	沙田稻草（安徽泾县）
水分		7.05	6.47
灰分		13.71	16.70
溶液浸出物	冷水	12.34	11.75
	热水	14.93	14.80
	1% NaOH	45.16	47.11
	乙醚	3.10	4.33
聚戊糖		32.40	28.91
木素		12.57	10.15
纤维素		59.50	64.63
蛋白质		41.70	44.30

三、纸药

在造纸界使用纸药（分张、悬浮）自古有之，也是宣纸制作的重要植物辅料之一。最早使用纸药的记载出现在周密（1232—1298年）所著的《癸辛杂识》："凡撩纸，必用黄蜀葵梗叶新捣，方可以撩，无则粘黏不可以揭。如无黄葵，则用阳桃藤、槿叶、野葡萄皆可，但取其不黏也。"除了黄蜀葵之外，可供选择的材料也很多，有猕猴桃藤、木槿、毛冬青、马铃薯、铁坚杉、铁冬青等几十种，都是手工抄纸重要的辅料之一。特别是双人或多人抄纸时，纸药是一种阻滤剂，在制纸时能起到悬浮纸浆、分张、掌握厚薄等作用。方以智（1611—1671年）在《物理小识·卷八》中谈道："竹纸、简纸取椰树合围者，锯片、舂碎、煮水抄帘乃可笪之，而番张烤焐也。或用大圆黄香树皮，广信用阳桃藤水，皆取其滑。"

捞制宣纸一直使用野生猕猴桃藤汁为纸药。猕猴桃，也称狐狸桃、藤梨、阳桃、木子、毛木果、奇异果、麻藤果等，是中国特产，也称中华猕猴桃。宣纸业界称其为阳桃藤，制成水剂后称"药"或"药水"。使用时，一般选用1~2年生的阳桃藤，砍伐后放入阴凉潮湿的地方储存，随用随取，将其破碎、水浸、过滤后，使用其汁液。随着现今科技发展，在宣纸行业中也有使用化学或其他植物纸药的，但首选还是阳桃藤。

四、山泉水

宣纸行业一直流传"没有好水就不出好纸"的说法。泾县地处中纬度南沿，属于北亚热带、副热带季风温润气候，常年气候温和，雨量充沛，光照资源丰富，四季分明，有"春来迟秋来早、冬夏两季长"的特点，年均降雨量1 500 mm左右，加上高山，形成溪壑纵横，构成大小河流146条，全长695.5 km，江河面积22 km²，占全县总面积的1.07%。泾县宣纸生产点的水源pH为5.0~6.5，相比而言，东乡片为弱酸，西乡片为微酸。（图2-6）

泾县溪流
-
图2-6

宣纸制作首选山泉水，河水次之，井水最次。宣纸企业在选址时首选水源，一要水质好，二要水源丰富。清顺治十三年（1656年）编纂的《泾县志·山》中记载："游马山，由百花尖山中出，而北趋至此。高险不可升，旁有枫树坪，广数百亩，周围以石垒寨，相传晋桓彝建，尝屯军于上。相连有桃花洞，上悬绝壁，下临清泉，暮春桃花波绿，溪山回映，不减武陵。甘坑、密坑二水出焉，达乌溪。取甘水以造纸，莹洁，光腻如玉，泾纸称最。"乾隆十八年（1753年）及嘉庆十一年（1806年）两次重编的《泾县志》均载有类似内容。由此可见，最迟在1656年，

宣纸制作者就意识到水源对纸质的重要性了；也最迟在这一时期，就选到泾县
生产宣纸的最佳水源地了。

第二节
主要设施、器具

一、晒滩

晒滩是宣纸原料加工的主要设备之一。宣纸原料在晒滩上进行日晒雨淋
露练，经受"日月光华"自然之功，完成自然漂白过程。建设晒滩要选择背风向
阳的缓坡山场，先将山上植被砍除，以山石铺底，铺筑成较为平整的倾斜成
30°~60°的晒场。从滩脚至滩顶，辟有梯形小道，便于人员上下。晒滩每隔数年
翻滩一次，主要是除去石缝残留的杂质（俗称"滩屎"）。翻滩时，将铺设在滩上
的石块撬开，清理山场后重新铺筑，便于原料在经受日晒雨淋自然之功时透
气、沥水。（图2-7）

晒滩
-
图2-7

　　制作原料的配套设备有蒸锅,又称甑锅、楻锅。将宣纸原料通过蒸锅蒸煮后,挑驮至晒滩摊晒。蒸锅由炉、锅、锅桶等部分组成。蒸锅的锅必须特制,直径超大,大翻沿,嵌在相配套的炉子上。锅上罩有木桶或铁桶,桶高1 m左右,既可最大限度地装入原料,又便于人工操作。随着水泥进入人们的生活后,逐步用以砖起边、以水泥加固的桶替代。此形制蒸锅不仅在原料加工阶段使用,在制浆过程中也须使用,有去除檀皮纤维中的木质素及其他非纤维素,利于制浆等功能。

　　与晒滩、蒸锅相配套的器具有作桶、挽钩、挑框、扁担、绳索、铡刀、钉耙、冲担、打杵、柴刀、扫把等。

二、碓、碾

　　碓与碾都是传统打浆的设备之一,其主要功能是将蒸煮、洗净的原料纤维束进行分解,完成纤维的分丝帚化。碓是最早出现在宣纸打浆工序中的设备,由碓头、碓基、碓杆等部分组成。根据原料加工对象的不同,又分为皮碓和草碓两种。皮碓的碓头为木制平口,碓基是在整石块上凿以规则棱齿;草碓的碓头为铁铸凸口,碓基为人工开凿成的容积率较大的凹石,也称为碓臼(图2-8)。

　　碓进入宣纸制作后,由人力完成传动的,被称为步碓;水源丰盈的地方,采用水力带动的,被称为水碓。新中国成立后,曾一度采用柴油机代替水力、人

碓
-
图2-8

碓
–
图2-9

力。工厂通电后,使用电动机带动,这种传动方式的碓被称为机碓。在宣纸制作技艺中,碓的主要功能是将皮、草料纤维切断、分散、疏解、帚化。

石碾(图2-9)是替代碓,用于草料纤维的疏解,一般使用畜力或水力传动石碾。新中国成立后,随着电力的普及,开始使用电力传动石碾。石碾主要用在切断、分散、疏解、帚化草纤维环节中。

与碾、碓相配套和延伸的设备与器具有:鞭草棍、鞭草桌、洗草箩、洗皮棍、木榨、选检台、竹刀、箩筐、锹、洒水把、刨子、木槌、耳塞、挡草帘、撬棍、切皮刀、切皮凳、切皮桶、切皮绳、做料缸、料袋、料缸、袋料池、袋料扒、料池等。

三、纸槽

纸槽是宣纸成型——捞纸的必需设备,不同规格的宣纸,选择相应的纸槽操作。传统纸槽有木制和石制两种,木制纸槽选择粗木,裁成相应厚度的木板,拼接成纸槽所需的相应宽度,刨光并开凿好榫卯,安装后漆上桐油便可使用;石制纸槽需将相同厚度的青石板开凿榫卯,安装后便可使用。

水泥进入人们的生活后,开始用混凝土浇筑水泥板,也可在浇筑时撒上不同颜色的细石子。在浇筑水泥板时,可直接将榫卯留好,再将水泥板打磨光滑后套上榫卯,形成纸槽。为加快进度,制作纸槽时,还可直接用砖砌到规定的尺寸后,用水泥加固、抛光即可。随着地面砖、瓷砖的普及,各宣纸厂将表面光滑的瓷砖贴入纸槽的内壁和槽底,既降低了划槽的摩擦系数,也减轻了操作工的劳动强度。为减少浪费,后又将传统的平口槽改成凹口槽。(图2-10)

通用纸槽的规格有:四尺纸槽(可捞五尺纸)、六尺纸槽、八尺纸槽、丈二纸槽、丈六纸槽等。规模较小的宣纸厂,在制作六尺纸槽时,在抬帘一头的槽底留有方洞,称“酒坛口”,酒坛口内可以站人,在捞制四尺宣纸时,按照四尺槽的规格闸上一块木板;捞制六尺宣纸时,将闸板取下,填上酒坛口即可。这种多用纸

正在使用的纸槽
-
图2-10

槽可以捞制四尺、五尺、六尺等不同规格的宣纸品种。传统纸槽规格见表2-3。

表2-3　传统纸槽规格表(单位:cm)

纸槽名	内长	内宽	内高	槽板厚
四尺	197	176	71	7
六尺	231	176	71	7
八尺	312	236	62	8
丈二	426	236	62	8
丈六	557	277	62	8

注:槽板厚度指通常厚度

　　要注意的是,以下纸槽与传统常规宣纸纸槽有所区别:一是宣纸厂家生产超大规格纸的纸槽,其规格先后有两丈(千禧宣)、三丈、三丈三(明宣)等;二是纸厂为节约生产成本,生产采用"一改二"的纸槽,主要用于书画纸的捞制;三是一些纸厂引进喷浆工艺的纸槽,主要用于书画纸捞制。这三种情况较为复杂,各厂情况有所不同,未列入表2-3;在配套器具介绍中,也没有将上述三种情况所涉及的器具列入。

　　与纸槽相配套的器具有:纸帘、帘床(西乡称帘槽)、梢额竹、额桩(也称档)、衬桩、拦水棍、浪水棍、隔帘、垫盖帘、盖纸帘、纸板、盖纸板、榨、茅草、算盘(计数器)、猪毛把、水袋、药袋、椀子、挽钩、料池、药池、药缸、药槌、扒头、棍子、抬帖杠等。

四、帘床、纸帘

帘床又称帘槽,帘床架是由细杉木制成的,床面铺穿芒杆。纸帘又称帘子,选择高大质硬、竹节间距长的苦竹为材料,经剖篾、抽丝后,用马尾编帘,再经土漆漆帘后形成。丝线使用普及后,马尾编帘逐步退出。宣纸帘按宣纸品种规格分类,常用规格有四尺、五尺、六尺、八尺、丈二、丈六等;特殊规格有长扇、短扇、二接半、三接半、小六裁、六尺屏风、八尺屏风、九尺屏风、条头、金榜等。常用帘纹有单丝路、双丝路、罗纹、龟纹等;特殊帘纹有丹凤朝阳、白鹿、龙纹等;具有特殊意义的帘纹有纪念宣纸、订制宣纸等。(图2-11)

帘床
－
图2-11

制作特殊纸帘和纪念宣纸帘时,先在单丝路纸帘上用粉笔或其他颜色的笔写(画)出需要的图案或文字,再用针线沿图案或文字绣出形状。特殊意义的帘纹主要分两类:一是纪念宣纸,帘纹以单丝路为主,帘面上另绣有"某某纪念宣纸"等字样;二是名家订制宣纸,帘纹也以单丝路为主,帘面上绣有"某某斋号",如国家画院订制的"中国国家画院"、李可染订制的"师牛堂"等。(图2-12)
常用帘规格见表2-4,常用帘床规格见表2-5。

编织好的纸帘
-
图2-12

表2-4   常用帘规格表

帘名	长（cm）	宽（cm）	篾丝距（mm）	根/寸
四尺	161	85	1.95~2.06	30~31
五尺	174	100	2.0~2.1	25~26
六尺	206	112	2.0~2.1	24
八尺	282	143	2.0~2.1	20
丈二	400	162	2.0~2.1	19
丈六	530	219	2.0~2.1	17~18

注：纸帘宽度为参照数

表2-5   常用帘床规格表

帘床名	长（cm）	宽（cm）	芒杆数（根）	芒杆间距（cm）
四尺	162	93	110~115	1.3~1.5
五尺	175	106	122	1.3~1.5
六尺	206	118	148~151	1.3~1.5
八尺	282	148	159	1.8~2.0
丈二	400	173	228	1.8~2.0
丈六	530	234	277	1.8~2.0

五、纸焙

　　纸焙是晒纸所需的设备之一,由砖和石灰砌成中空墙,外焙壁用以墨汁、纸巾拌的石灰膏粉平,再用铜镜压磨而成。使用时,需将纸焙加热,由晒纸工将捞出的湿纸一张张地贴在纸焙上烘干。宣纸技艺在传承过程中,先后有多种不同形制的纸焙出现。最早的纸焙是烧薪柴式提温焙,一般的烧柴式纸焙长758 cm、高192 cm,焙身上厚53 cm、下厚76 cm、墙壁厚21 cm,火门上宽41 cm、下宽50 cm。随着煤作为燃料进入宣纸行业后,逐渐将纸焙改成烧煤吸风炉式。这种纸焙焙身长860~900 cm、高192 cm,焙身上厚53 cm、下厚76 cm、墙壁厚20.5 cm,吸风炉胆长380 cm、高63 cm。20世纪90年代,大规模宣纸生产线中开始将传统砖焙改成钢板焙,集中燃点,由锅炉供气提温;单槽作坊式生产户则使用中间贮水的钢板焙,以柴或煤将所贮的水烧热,既可提温,又可保温。近年来,随着可燃生物颗粒的问世,大多数宣纸、书画纸企业均用其作为燃料,采用人工智能方式喂料、控温,既节约了人力,又减少了粉尘、一氧化碳的排放,保护了周边环境。钢板纸焙的进入,降低了热辐射对操作工的伤害,也使纸焙使用寿命从不到一年延长至6年,充气式钢板焙的使用寿命可达50年。因各企业情况不一,对纸焙尺寸没有特别规定。(图2-13、图2-14)

纸焙
－
图2-13

刷把
－
图2-14

与纸焙相配套的器具有:铁锹、烧火棍、火钩、纸架、纸桌、刷把、额枪、浇帖架、鞭帖板、水壶、掸把、架帖板、米汤盆、米汤把等。

六、宣纸剪

宣纸剪主要用于将检验合格后的宣纸进行裁边规整，其特征与民用剪刀大相径庭，外观长36 cm，其中刀刃长26 cm，手柄长10 cm，刀身宽9 cm。每把剪纸刀重0.8~0.85 kg，多以优质扁铁、工具钢为材料，经裁铁、出坯、雕弯、下钢、镶钢、压钢、打头片、打眼、打手柄、退火、开口、锉头片、淬火、敲口整形、磨口、上记号、制销、钉铰、上油、整形等工序锻造而成。宣纸剪有"天下第一剪"之称。(图2-15)

与宣纸剪配套的设备和器具有:剪纸桌、油把、掸把、套指、木尺、卷尺、印章、产品卡、过剪簿等。

宣纸剪
-
图2-15

第三节
宣纸制作技艺的基本流程

一、皮料加工

1.砍条

每年的霜降到次年的惊蛰时分，青檀树进入休眠期。此时对青檀枝条进行砍伐。砍伐时，从枝条的两边下刀，避免刀口紊乱。刀口形成元宝状，创口要内比外高，以免下雨时青檀树因存水而腐烂。被砍伐后的青檀树，须进行修桩，清

伐条
–
图2-16

除残苗细枝丫，以利于春季桩头发芽和生长。随着农村劳动力的减少，进入21世纪以来，砍下青檀枝条后就极少修桩了。（图2-16）

2.选条

将砍下的枝条除去小枝丫、死枝丫，并将长条、短条、粗条、细条、老条、嫩条分别归类，扎成每捆约30 kg左右的小捆。

3.蒸煮

蒸煮青檀枝条的方法有竖蒸和横蒸两种。竖蒸也称"吊蒸"，将各小捆并成大捆，竖立锅内，注入清水，上面用一个圆木桶罩住，桶底钻一小孔，插一根与小孔直径相仿的檀枝条，然后烧火蒸煮。蒸煮时可拔出小孔上的小枝条观察，如枝条刀口处的皮层收缩到露出枝条木杆，即知檀皮已蒸熟。

横蒸也称"睏蒸""睡蒸"，即将扎成小捆的檀枝条横放于锅内，注入清水，锅边四角并立四根木柱，嵌以木板，形成方形木桶，上方以木板盖住。在木桶的四面分钻一小孔，各插一根与小孔直径相仿的檀枝条，然后烧火蒸煮。蒸煮时，可拔出小孔上的小枝条观察，如枝条刀口处的皮层收缩到露出枝条木杆，即知檀皮已蒸熟。此法装锅量较圆桶法高，但由于杆子横放，蒸汽不能像圆桶法那样从枝条的杆、皮间隙驱入，加上容易漏气，蒸煮不匀，所以蒸煮时间较长。

传统的"吊蒸""横蒸"方式需耗时24小时，不仅浪费染料和人工，而且加工周期也较长。进入21世纪后，在青檀林密集地，以厚铁板拼接成平底池。将青檀树枝打捆后横放在池中，放入一定量的清水，上用塑料薄膜覆盖。池底中空，以烧薪柴方式加热，可比以前节约一半的时间。后来，人们直接将青檀树枝堆放在空地上，用塑料薄膜覆盖，外接一条粗管道，以汽油桶加工成简易锅炉的方式，通过管道供热气到青檀枝堆。此法不受场地局限，也可节约人力、缩短加工周期。随着这种加工方式的普及,逐渐以便携式锅炉替代了汽油桶。无论采取何种加工方式,判断皮料是否蒸熟,都采用一样的标准。

4.浸泡

将蒸煮好的青檀皮枝条从锅内取出,放入清水池中浸泡。这一阶段,时间不宜过长,只要皮杆冷却即可剥皮。

5.剥皮

将已经冷却的皮杆,从粗头开始起剥。一般根据个人习惯,可分成2~5条,一手抓住皮条,另一手抓住皮杆分开;也可用脚踩住皮杆,双手抓住皮条分开。将剥好的皮条理整齐放好。(图2-17)

6.晾晒

将剥好的皮条放在干净的地(最好是鹅卵石河滩)上晾晒,晒干后扎成小把,称为毛皮(图2-18)。若受到场地局限,也可采用竹竿搭架方式进行晾干。

剥皮
－
图2-17

晒皮
－
图2-18

7.储存

将小把毛皮捆成大捆,堆放于通风条件好、防火设备齐全、雨季排水畅通的仓库里备用。库内要有垛基,并有一定的高度,以便于防潮。随着现代物资的多样化,垛基多采用造价便宜的塑料等材料,并改成下空形式。

8.二次浸泡

根据日产量,取出适量的檀皮,整捆放入水池中浸泡约1小时。(图2-19)

9.解皮

将浸泡后的皮捆按原支解开,重复整理成支,每支重0.9 kg左右,20支为一捆。支头扎结时,松紧要均匀。整理时,要抽掉皮内骨柴,宽皮要撕开。选出的碎皮要整理成束,生皮、老皮另做处理。(图2-20)

浸泡
－
图2-19

解皮
－
图2-20

10.浆灰

将檀皮再下水浸泡1小时后,滤去水分,然后浆灰。浆灰前,在地面撒上废草,泼上灰水。檀皮束浆灰时不可拖灰浆,皮取水面要靠桶取,使皮根受力,将皮分几段折叠成皮块放在浆皮地上,确定圆心后要套紧,一层一层向外堆放,边缘要走齐。无论是走边还是堆放,均应完全靠手上功夫,不能用挑杆打,以防止打伤。堆好后,四周要泼上石灰水,使整个皮堆形成一个整体,堆中不能流灰、冒风,进行静止发酵腌制。(图2-21)

11.装锅

装锅前,锅内注入清水,做好假底,将腌制好的皮块按"人"字路一层套一层、松紧均匀地装好。碎皮装在锅头上,要通气洒水,防止干灰。用熟皮盖住锅头,以麻袋封住锅口(图2-22)。也有以锅盖、塑料薄膜封口的,蒸煮时间稍短些,但生熟不易把握。蒸煮一夜后出锅踏皮。

12.出锅踏皮

出锅前先洒水后取皮,在蒸锅边穿鞋踩踏皮,除去皮壳。在踩踏时要踏得匀,防止干心;两头都要踏到,不能出黄鳝头;硬皮多踏,软皮少踏,踏过的皮堆

浆灰

－

图2-21

装锅

－

图2-22

成堆,堆放时一定要堆紧,然后盖上茅草,再堆置发酵。(图2-23)

13.洗皮坯

堆置10天左右,拆开皮堆,将皮块挑入水池浸泡1小时,洗去灰渣。洗完后,须清理水池,收回碎皮,然后再下水浸泡到第二天,按原支在木凳上搓揉,揉后皮坯在清水中洗干净,放在水池边滤水。(图2-24)

14.挑皮坯

将洗过的皮坯滤完水后,挑送至石滩轻放。(图2-25)

踏皮

－

图2-23

洗皮坯

－

图2-24

15.晾皮坯

将皮自上而下牵直,轻放轻摊开,见雨晒干后再翻。(图2-26)

挑皮坯
–
图2-25

晾皮坯
–
图2-26

16.翻皮坯

从上往下翻,将皮牵直抖松,见雨晒干后,即可收皮坯下滩。

17.收皮坯

皮坯要晒得足够干后才能收,碎皮要清理干净,与整皮一道收下山。

18.支皮坯

把原小支以5支扎成一大支,把灰渣抖干净,理齐扎紧。碎皮要清理干净,夹在皮支内。

19.余皮

在大桶里余皮,操作时,将碱水加热,把支好的皮坯放在热碱水中边浸边取。浸完1/3后,碱水的浓度降低,皮坯在碱水中适当浸泡后捞起;浸完大半后,锅内要适量加碱,碱水快用完时,用碎皮把剩余碱水吸干。浸过碱液的皮坯要放在大桶里过夜。

20.二次装锅

先从桶内取出全部余过碱的皮坯;在蒸锅内注入清水,同时生火加热,将皮坯按"人"字路套装,每一层都要松紧一致;装完后密封锅头,蒸通气后才能歇火,焖到次日出锅。

21.二次出锅

去掉锅头的密封物,按次序出皮,边出边下清水池吐碱水。等皮中残碱吐

清后,捞起来按顺序堆放在岸边滤去水分。(图2-27)

22.挑渡皮

此环节的皮坯称"渡皮"。滤完水分的渡皮挑送到石滩,边挑边清理碎皮;送上石滩的渡皮,要按次序轻放。(图2-28)

出锅
—
图2-27

挑渡皮上山
—
图2-28

23.晾渡皮

按原小支牵直晾开,10天左右后翻晾。

24.翻渡皮

从上往下翻,翻动时脚不能踩踏在皮上。每支下面的碎皮随翻随包在皮支内,翻后10天左右收皮下滩。

25.收渡皮

收渡皮时对天气要求不高,晴天,收干皮,须淋水后撕皮;雨天可直接收下湿皮后撕开。无论天晴还是下雨,碎皮要收干净,以免浪费。

26.撕皮

收回的渡皮加水润湿后,把原小支解开理齐,将皮从中间分撕成细条,晾挂在竹竿上。撕皮时,应从上往下撕,每支的碎皮和骨柴都要过清,再把两小支合捻成一大支待摊。(图2-29)

27.摊晒

经过撕选后的皮称为"青皮",青皮要送到晒滩上摊晒。

28.摊青皮

自上而下,从左到右,将原支一块一块摊开,且要牵直摊平,厚薄均匀,四

角分清齐缝。（图2-30）

撕皮
–
图2-29

摊青皮
–
图2-30

29.翻青皮

　　见雨晒干后的青皮,要翻动一次,就是将朝阳的一面通过翻动,翻到紧贴石滩,此过程称"翻滩"。翻滩时,要从上往下翻,每块皮下面的碎皮,随翻随清理,放在翻后的青皮上；厚处要牵薄,薄处要牵匀；上下要整齐,左右要隔缝。见第二次雨后,继续露练一个时期即可。

30.收青皮

　　收青皮时须选择晴天,皮内的垃圾及嫩枝,边收边抽除；收回的青皮要放得长短齐整,便于捆紧；堆放地点要衬脚。

31.捏皮

　　将黏合在一起的青皮通过摔打、手捏分散开,扎成把。（图2-31）

32.二次氽皮

　　本环节在大桶边操作。在操作时,将碱水加热,把捏好的青皮放在热碱水中边浸

捏皮
–
图2-31

边取。浸完1/3后,碱水的浓度降低,青皮在碱水中适当浸泡后捞起;浸完大半后,锅内要适量加碱,碱水快用完时,用碎皮把剩余碱水吸干。浸过碱液的皮坯要放在大桶里过夜。

33.三次装锅

先从桶内取出全部氽过碱的皮,然后在蒸锅内注入清水,同时生火加热;将皮坯按"人"字路套装,每一层都要松紧一致;装完后密封锅头,蒸通气后才能歇火,焖到次日出锅。(图2-32)

34.三次出锅

出锅后直接挑上山摊晒。经此程序后的皮称为"燎皮"。

35.翻燎皮

见雨天晴后翻晒,从上往下翻,翻动时脚不能踩踏在皮上。碎皮随翻随放在燎皮上。见雨天晴后晒干,即可收燎皮。

36.收燎皮

将燎皮从下往上收,扎捆后背下山库存。(图2-33)

装锅(第三次)

—

图2-32

收燎皮

—

图2-33

37.三次氽皮

根据日产宣纸耗用量,提出库存的燎皮,以稀碱水氽皮。

38.四次装锅

用木棍架在锅上做假底,锅中注入清水。装锅时皮要直放,靠边装紧,便于通气。盖好锅,生火加热,等热气从蒸锅头上冒出时才能歇火。

39.四次出锅

汽蒸后的皮于第二天焖锅一天,再烧1~2小时,补一下气,使皮更为柔软;到第三天出锅。

40.拍皮

出锅后就开始轻轻拍打,边拍边抖,抖去其中灰渣。拍一支清一支,抽掉骨柴,拍去灰渣,碎皮也要拍打。拍好的皮用水冲浇,洗去残碱,然后再洗皮。拍好的皮称为"下槽皮"。

洗皮
—
图2-34

41.洗皮

大皮用棍子摆洗,碎皮用竹箩浮洗。棍子要摆得开,轻摆轻漂,边漂边起,边起边滤水,灰渣容易掉入水内。洗碎皮要两面洗,翻一次箩后,将竹箩边转边漂边浮,以洗去灰渣。洗完皮要先用大棍子后用小棍子将水池中的皮绒捞清,然后将皮整齐地摆放在木榨上榨去水分。(图2-34)

42.选检

首先清洁工作场地,然后用竹刀开皮,边开边抖。择皮时手要离筛牵直,将皮头根、斑点、黄鳝头、骨柴和垃圾等选剔出来,宽皮要撕开。选检好的皮料,自己复检一次,用手将皮提起,透光照过检,才能放入桶内。(图2-35)

选检
—
图2-35

43.调皮

又称"碓皮",将检好的皮料洒适量的水,放进平板碓中,打成皮饼条。(图2-36)

44.切皮

将碓好的皮条放在切皮凳上,用切皮刀依次切成细扁块。注意不宜切成三角块,三角块的最宽长纤维不容易切断。切皮时,刀要保持锋利,如果刀不锋利,皮的刀口容易结死疙瘩。切时要注意保护刀口,每一刀切到底后,不能用刀向外推切下的皮,而应任由被切下的皮往下掉,否则容易伤刀口。(图2-37)

碓皮
—
图2-36

切皮
—
图2-37

45.做皮

又称"踩料"。将切好的皮放入缸内,用手压紧,作为放水的标准,把水放得与料一样平,次日清晨踩料。踩料前,先用干净棍子撬松后再下脚。踩约40分钟后,适量加水做第二遍水色,然后再踩15分钟左右。做好的皮,不能有死皮索和皮疙瘩。(图2-38)

46.袋料

又称"锻料"。用棉布做料袋,先将料袋洗干净后装料。将踩好的皮料用布袋装好,一般一缸料装2~3袋,挑至袋料池边,将整袋料放入池中浸泡,并将袋口系在袋料梁上,以防止布袋滑入水池中使皮料流出。浸泡后的布袋应从池沿拖出,放在袋料台上,用手牵着袋口,防止皮料流出,双脚依次踩踏布袋,使袋中皮料成糊状。踩踏好后,将布袋重新拖入水池中,用一蘑菇形的扒头伸进袋内,在距袋口35 cm左右的位置系紧,开始在池内捣洗。袋料时,料袋的两个角必须勾到位清洗。袋皮时,袋中要适当贯气。在每袋料袋水清后,要扎几个猛把(扒)方能起袋。(图2-39)

做皮
–
图2-38

袋料
–
图2-39

47.数棍子

又称"划夜槽"。每天捞纸工下班后,等槽水澄清再拔塞放水,收回槽底物,浇清槽壁,然后向槽内过袋注入清水和清洗后的皮料。操作工分站四边(也有分站四角),每人手持一根棍扒,协作划动搅拌。要求每人一棍套一棍旋,直至旋到见槽底,再反方向旋至见槽底。而后再用小棍子各划半圈,直至将纸浆划融为止。划槽后,要用水浇槽沿,用水要过袋,水向槽里浇,棍盘拿起来要打一下,以免流失浆料;捞取纸浆要复袋角,滤水要起袋角,不能在槽沿上两面搽,否则容易起皮索(图2-40)。荷兰式打浆机进入宣纸行业后,取消了这道工序。

数棍子
–
图2-40

二、草料加工

1.选草

抓住稻草束的草穗部倒举，根部松散后，用力往下甩出草衣，再以脚踏住草穗或用双腿夹住草穗，用手梳去草衣，同时剔出稗草。将梳后的草束扎成小把，将多把小把捆成大捆后，直立堆放于干燥不积水的石子地面或其他材料上，盖上草衣；地面四周挖掘水沟，以避免受潮、霉变和泛色。也可直接用钉耙或带齿的农具将草衣梳离。（图2-41）

2.破节

又叫"复草"。打开原草大捆，把根部在地上捣齐，切除草穗后，将稻草从头向根、又从根向头过碓打碎草节。经过破节的稻草，用两膝夹紧，取下原扎把处的稻草并掺进此把，用手两面拍打，除去剩余草衣，再扎成小把并汇集成大捆后浸泡。（图2-42）

选草
－
图2-41

铡草穗
－
图2-42

3.浸泡

将破节后的稻草捆好，放在水潭内浸泡，需要注意的是，冬季浸泡不易使草捆发酵。浸泡的方法有抛浸和埋浸两种，抛浸一般为静水，将草放在水池中，草捆表面浮在水面上，需要阶段性翻捆；埋浸一般为活水，将草全部浸于水底，上压石块固定，此法比抛浸效果要好。（图2-43）

4.滤水

打开浸泡好的草捆,洗去污泥和草籽,按顺序堆放于岸上,自然滤去水分,一般过夜后的第二天浆灰。

5.浆灰

浆草时,地面撒上废草,泼上石灰水,以防止日后草堆堆脚腐烂。稻草束浸入掺有石灰的水桶内,用挽钩将草束翻两遍,使灰水均匀渗透草内后,将草束钩出靠桶边堆放。(图2-44)

浸泡
-
图2-43

浆灰
-
图2-44

6.堆放

浆过灰的草束堆放时,将性硬的草束放在中间,性软的放在边缘,每一束稻草都要贴紧上一束,以避免漏风、冒风、腐烂。每一层的边缘一定要贴齐整,草堆四周要浇上石灰水,进行静止发酵。发酵过程如果掌握不当,极易造成草束断节、霉烂。同时,发酵时间与气温的关系很大,因此,堆置发酵期间必须随时检查。

7.翻堆

发酵一段时间(一般冬天30~40天,夏季7~10天),待草堆里的草束变色后,进行翻堆。时节不同,草束发酵变色情况也不同。一般冬天呈老黄色,夏天呈嫩黄色。翻堆前,在草堆四周浇上灰水,然后把边缘的草装在堆心,把堆中心的草翻到外面。翻堆后,草堆的四周再泼上灰水,以增加热度,继续发酵,直至草的黄色减退且有光泽,草遇水后即自行脱灰,此时就应散堆洗涤,洗去灰渣。

8.洗晒

洗涤时,要分清草堆,逐堆清洗,边洗边放岸上,按顺序排列,滤水。洗完一个草堆要清理一次水池,收捞碎草,避免浪费。洗去石灰渣的草,滤去水分并过夜,第二天按顺序取草。取草时,用手朝上扣住草头,轻取轻放后,挑送到晒场摊晒。

9.摊晒

摊晒时要注意厚薄均匀,须过一遍雨,晒干后进行翻草。翻草时,要将草抖松,以除去剩余灰渣。随翻随清理草块下面的碎草,掺放于翻后的草块上。经翻晒的草块,再见一遍雨后晒干,形成草坯。(图2-45)

摊晒
—
图2-45

10.收草坯

捆收草坯时,要清除自然掺入的其他杂物,拍抖草坯余灰,清理碎草。捆收后的草坯,搬运至草坯堆场成堆储存,也可在干燥的地面上堆成锥形草堆储存备用。堆草坯时要填好堆脚、盖好堆头,堆脚基可由碎石和河卵石铺成,要有一定高度;基面层也应有一定的坡度。垛基四周要挖好水沟,保证排水畅通,避免草坯潮湿霉烂。

11.抖草坯

草坯是通过一次石灰脱胶的稻草,由于空气和水的作用,在草坯表面附有很大一部分钙盐和灰尘,不易洗净,须适当抖除。晴天草坯干燥,灰渣容易抖除。因此,抖草坯适宜晴天进行,阴雨天不宜于操作。抖草坯可分为抽心抖和放堆抖两种。(图2-46)

抽心抖(也可称作抽堆抖)是在劳力不足的情况下,为不使剩余的草坯在野外遇风雨天气造成损失而采取的工序。此工序由操作工在堆的周围采取抽心取草的方法,把草坯拉出来抖。其好处是不破坏堆头、堆脚,草坯抖不完,也不影响剩余草坯在野外的储存。

放堆抖是在劳力充足的情况下,从草坯堆的堆头依次取草,当天抖完一堆

抖草坯
-
图2-46

端料
-
图2-47

草,效率高,速度快。

12.端料

取出适量的碱（传统方法一直使用桐籽灰碱或草木灰，1894年后开始使用纯碱，20世纪60年代开始使用烧碱），加上适量的水，化成碱液。将抖好的草坯放在碱液内浸泡4~5分钟。将浸过碱液的草坯，沿料桶边拎起来，分三段折叠，盘放在端料桶上方用木头搭成的草架上，四围走齐，不能露头，防止漏灰汤（浸过碱液的草上滤下来的碱水、汽蒸后蒸锅内的碱水，俗称为灰汤）。（图2-47）

13.装锅

将端过的草坯装入蒸锅内汽蒸，先装灰汤草，再装下盆（每桶碱液的后半桶称"下盆"），而后装上桶。装锅前，锅内先装清水至锅上方第三块斜砖处，即距蒸锅脚15 cm处。装锅时，应将草坯均匀堆叠成馒头形，中间要高，不能凹下去。如果草坯锅装得松紧不均，加热后蒸汽就强弱不均，装得紧的部位，就需打孔通气。装完锅，等蒸锅四周均冒蒸汽了，就用麻袋将草盖好，然后用灰或泥密封，蒸煮到蒸汽由四周集中到蒸头成一股汽时（需12~15小时）才能歇火，然后焖到第二天再出锅。（图2-48）

14.出锅

草出蒸锅，清除泥灰，轻取轻放，须将草按顺序堆放成堆。出完锅后，锅底热碱液，又称灰汤，可以用来泡草。（图2-49）

15.淋洗

出锅后的草堆，上盖竹帘或麻袋，立即用清水淋浇，洗去残碱。开始淋浇时，水呈深褐色，一直淋浇到水变清为止。经过上述工序，草已变成嫩黄色或微

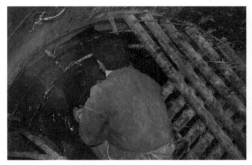

装锅

－

图2-48

出锅

－

图2-49

白色。

16.挑草块

淋洗后的草块,隔夜后挑送至石滩。无论是装草、挑草还是上滩,均要轻拿轻放,以防草断伤。(图2-50)

17.剥草块

也叫"晒草块",将挑上滩的草块打开,顺草路剥开摊晒。注意草丝要顺坡。(图2-51)

挑草块

－

图2-50

剥草块

－

图2-51

18.翻草块

草块晒干后立即翻滩,翻时要从下往上翻,碎草收拾后放在翻后的草块上。

19.收草块

等草晒干后收回,将原块四至五块卷折成一大卷,堆放于干燥处。

20.扯青草

收回的草块,俗称"渡草"。经过撕松、抖除余灰、清除其他杂物处理后,卷成草块,此草称为"青草"。(图2-52)

21.二次端料

取出适量的碱,加适量的水化成碱液,将扯好的青草放在碱液内浸泡4~5分钟。将浸过碱液的青草,沿料桶边拎起来,分三段折叠,盘放在端料桶上方用木头搭成的草架上,注意四围走齐,不能露头。

22.二次装锅

将端过的青草装入蒸锅内汽蒸,装锅时应将草坯均匀堆叠成馒头形,中间要高,不能凹下去。如果草锅装得松紧不均时,加热后蒸汽就强弱不均,装得紧的部位,就需打孔吹气。装完锅,等蒸锅四周均冒蒸汽了,就用麻袋将草盖好,然后用灰或泥密封,蒸煮到蒸汽由四周集中到蒸头成一股汽时才能歇火,然后焖到第二天再出锅。

23.二次出锅

须将青草按顺序出锅,并堆放成堆。(图2-53)

扯青草
-
图2-52

出锅
-
图2-53

24.二次淋洗

出锅后的草堆,上盖竹帘或麻袋,立即用清水淋浇,洗去残碱。

25.挑青草

淋洗后的草块,隔夜后挑送至石滩。无论是装草、挑草还是上滩,均要轻拿轻放,以防草断伤。

26.摊草

又称"摊青草",要从上而下、从左至右地摊晒,不能乱拉乱摊;要摊得薄而均匀,四角成方;每块草要齐边隔缝,不能搭缝,以免夹黄。(图2-54)

27.翻青草

见雨后晒干,翻一次草。翻草一般从上往下翻,注意四围齐边,要剔除混入草内的垃圾和嫩枝。见

摊草
—
图2-54

第二次雨后,继续露晒一个时期,至草呈嫩白色,即成青草后收下山。

28.三次端料

取出适量的碱,加上适量的水,化成碱液,将抖好的草坯放在碱液内浸泡4~5分钟。将浸过碱液的草坯,沿端料桶边拎起来,分三段折叠,盘放在端料桶上方用木头搭成的草架上。注意四围走齐,不能露头,防止漏灰汤。

29.三次装锅

将端过的草坯装入蒸锅内汽蒸,先装灰汤草,再装下盆(每桶碱液的后半桶称"下盆"),而后装上桶。装锅前,锅内先装清水至锅上方第三块斜砖处,即距蒸锅脚15 cm处。装锅时应将草坯均匀堆叠成馒头形,中间要高,不能凹下去。如果草坯锅装得松紧不均时,加热后蒸汽就强弱不均,装得紧的部位,就需打孔通气。装完锅,等蒸锅四周均冒蒸汽了,就用麻袋将草盖好,然后用灰或泥密封,蒸煮到蒸汽由四周集中到蒸头成一股汽时才能熄火,然后焖到第二天再出锅。

30.三次出锅

草出蒸锅,清除泥灰,轻取轻放,须将草按顺序堆放成堆。出完锅后,锅底

热碱液,又称灰汤,可以用来泡草。出锅后的草堆,上盖竹帘或麻袋,立即用清水淋浇,洗去残碱。开始淋浇时,水呈深褐色,一直淋浇到水变清为止。此环节后可进入"燎草"了。

31.挑燎草块

淋洗后的燎草块,隔夜后挑送至石滩。无论是装草、挑草还是上滩,均要轻拿轻放,以防草断伤。(图2-55)

32.剥燎草块

将挑上滩的草块打开,顺草路剥开摊晒。注意草丝要顺坡。

33.翻燎草块

草块晒干后立即翻滩,翻时要从上往下翻,碎草收拾后放在翻后的草块上。(图2-56)

挑燎草块
-
图2-55

翻燎草块
-
图2-56

34.收燎草

选在晴天收燎草。石滩上收的燎草含有沙石,收草时要退沙。可抽样以人工抖除后,求出含沙率,进行扣除。

在每次收草后、摊草前,都必须清扫石滩,回收碎草。这样既防止浪费,又可提高原料质量。(图2-57)

35.鞭干草

将整捆燎草平放在地上,顺草纹用大棍子抽打。经抽打分散后,用棍子挑抖,抖去燎草中的硬性垃圾、沙石,拣去燎草中的骨柴和树叶,分堆一边。将用大棍子打好的燎草抱上草筛,摊开后用小棍子反复鞭打,边鞭打边抖去污沙、垃圾、草木灰。等燎草全部被鞭打散开后,再卷成重约1.25 kg的草块。(图2-58)

收燎草
－
图2-57

鞭草
－
图2-58

20世纪70年代,大厂根据瓦特打浆机的原理,制作成打草机。将燎草送至打草机,通过疏解,将成块燎草打散,抖落燎草中的碎石块、石灰,形成散燎草后直接送至碾草屋,淋水后碾碎。

36.洗草

将鞭好的草块用竹丝编结的笭筐进行洗涤,每块草洗一笭。将草块在笭里摊开,连同笭放进水里;以手适度用力将草按进水中,边按边转动笭筐。洗时一手转动(顺时针、逆时针均可,根据个人习惯而定)笭筐,另一手插进草内左右搅动,等笭筐边的石灰水稍少时便可翻笭。翻笭时,用两手分抓笭的两边框,将笭向自己身边颠簸;等草颠簸到一边时,将笭放在水池沿,两手拇指朝身边平抓向外翻。翻好后再洗,洗好后浮笭。浮笭时,将笭靠身边的一侧抵住水池,把笭内的水沥一下;再次将笭放进水里,草浮起来后迅速抽去笭,使草漂浮在水面;然后再将笭插入水里,托住慢慢下沉的草;顺水力将笭端起,将一边靠在池沿,转动洗草笭。洗时用手将湿草稍稍挤压,先将两边叠起,形成一定宽度的条状;再由身边起卷,形成圆柱状的草块。圆柱状草块的长度要几乎一样。(图2-59)

部分宣纸生产企业将鞭草、洗草工序合并,直接将燎草捆解开后放入水池浸泡,通过自来水的冲洗,将石灰与燎草分离,使碎石块沉底。而后,通过人工摆洗的方式达到净化目的。

37.压榨

将圆柱状的草块横放在草榨上排列好,四边要整齐;盖上榨板,再上榨杆,将其榨干。

图2-60为将鞭草、洗草工序合并后形成的散燎草均匀铺放在木榨上,铺成四边周整的草垛,再盖上榨板,将其榨干。

洗草

－

图2-59

压榨

－

图2-60

38.选拣

择草前,清洁工作场地,然后用竹刀开草。开草时要抖动,使灰渣、杂质、部分草节从竹筛眼中掉入筛床上。开完草后开始选拣,剔去草黄筋、杂物,清除蟋蟀窝等。(图2-61)

39.春草

搞好碓臼圈、碓头及地面的清洁工作,然后放草开碓。燎草入碓臼要进行散筋,碓臼当中及两侧有空间,使草容易翻动。散筋时要适量加水,做好水色:硬草碓得干一些,软草碓得潮一些。打到四

选拣

－

图2-61

成熟时要停碓取生,将招牌、碓臼圈和碓头上的草清理干净,放回生草桶内;打到七成熟时,酌情从碓后加入适量的水,使草易于翻动。待草成熟时取一小块,以多倍水化开检测。促草分二次加水,头遍草40分钟左右,再进行取生,加水促二遍草,用竹板子将碓臼内的草拌均匀,并用板子撬5~10分钟,基本消灭了死渣坂,才能起臼。碓臼用水均需经布袋过滤,草起后臼前后要准备好料缸、畚箕等装运工具,做好碓臼工具及工地的清洁工作,严防尘埃、泥沙及其他杂物混入。(图2-62、图2-63)

春草
－
图2-62

碾草
－
图2-63

使用水力或畜力传动的石碾碾草是否在古代宣纸行业中使用尚待考证,清光绪末年的《皖南制纸情形略》上均未记载。20世纪70年代开始在草料加工中引进石碾。其形制为净高1 m左右正圆形钢铸的缸,正上方有传动轴,以电力带动。传动轴下方有两块石碾,石碾与缸边有方形铲。干湿恰当的燎草通过石碾的连续滚动达到破碎的目的。在打草机分散的燎草上洒上适量的水,便可投入其中;对采用鞭草、洗草工序混合分散的燎草,掌握好水分后,直接投入其中。

40.做料

将碓好的草放入料缸,适量加水,宜干不宜湿。每缸料的水要差不多,要查看水色。保持料缸的清洁。准备停当后,再以木挽子盛水浇缸沿,每个缸的缸沿只能浇半挽子水。盖好盖子过夜,次日清晨踩料。踩料前,先用干净棍子撬松后再下脚。踩料约50分钟后,再次加水,加水以不超过第一次为准;约30分钟后,再第三次加水,然后再踩20分钟即可。加水在此称作"水色"。

41.做纸巾

纸巾是晒纸、剪纸等工序中产生的废纸、纸边。这是将纸巾进行回笼处理的工序,也属于单列工序。纸巾下缸前要清除料灰,摘梢毛,水不能放多,以防纸巾片子产生。其操作与做皮、做草差不多。

42.袋料

又称"锻料"。用棉布做料袋,先将料袋洗干净再装料。袋料前,每袋料先在水中过一下水,用脚将袋里料踏开,使之成糊状,然后扎把袋料。袋料时,料袋的两个角必须勾到位清洗。同时,注意袋草时袋中不能灌气;在每袋料袋清水后,要袋扎猛把(扒)方能起袋。(图2-64)

袋料(挤干)
－
图2-64

43.数棍子

又称"划棍子""划夜槽"。每天在捞纸工下班后,等槽水澄清时拔塞放水,收回槽底物,浇清槽壁;然后向槽内注入清水(注水要过袋)和清洗后的草料。操作工分站四边(也有分站四角),每人一根棍扒,协作划动搅拌。要求每人一棍套一棍跟上旋,直至旋到见槽底,再反方向旋至见槽底。而后再用小棍子各划半圈,直至将纸浆划融方可。划槽后要用水浇槽沿,用水要过袋,水向槽里浇。棍盘拿起来时要打一下,以免流失浆料。捞取纸浆要复袋角,滤水要起袋角,不能在槽沿上两面搽。

44.混浆

将皮料浆和草料浆按照配比混合在一起,进行混浆。混浆程序参照"数棍子"。将混合浆料沥水后,放入料缸残料池备用。

45.制药

将适量的杨藤用手折成等长的小段,用木槌锤破后,全部浸入池(桶)水中过夜。用弯钩拉动,药桶里的水牵丝后澄清,用药袋过滤到药缸。(图2-65)

20世纪70年代,参照制面条机械制作成两个可以相向滚动的圆辊,将杨藤送入两辊之间,达到破碎目的;再由一人用砍刀将其砍成适当长度后送入池

捶药
-
图2-65

（桶）水中过夜。后续加工与上述一致。

46.划单槽

划单槽
-
图2-66

按槽口取料，将料放进槽内后，由捞纸抬帘工与划槽工分站纸槽两头。工人要站"丁"字步，身体稍向前倾，双手持棍扒，左手在前撑稳，右手拉，其动作像磨磨一样，两人一起搅拌。纸料搅拌好后，掺入药水，再用棍扒划匀，以免药花。药水不能一次性放多，以防药死槽。划好单槽后要清槽沿，每个槽口要打藻，开槽在半槽打藻，二、三槽在过槽后打藻，以此捞去双浆团或大皮块。（图2-66）洗漂、打浆等设备进入宣纸行业后，不再进行打藻这道工序。

三、制纸

1.抄纸

又称"捞纸"。四尺、五尺、六尺宣纸由两人协同操作，一人掌帘，一人抬帘。

捞大纸

—

图2-67

班前检查所有工具,是否清洁,有无损坏;投料搅匀后,掌帘、抬帘工分站槽的两头,帘上帘床,夹紧帘尺。头帘水形成纸页,一帘水梢手要靠身整齐下水,额手要靠紧;二帘水是平整纸页,额手下水,梢手上托,要在两人的中间下水,额手倒水要平。提帘上档时用额手提帘,垂直往上提,避免拖帘(拖帘会降低帘床芒杆使用时间)。上档时要站"丁"字步,放帘要卷筒,掀帘要像一块板,送帘前宽后窄像畚箕口。(图2-67)

捞二层或三层夹宣要退档,使丝线路交错成双丝路。掌帘工在提帘下架时,抬帘工应用手舀槽水将帘床上的皮块冲掉;也可用手将皮块拣掉,并打计数算盘进行计数。

八尺宣纸由4人协同操作:1人掌帘,1人抬帘;1人管额,1人扶梢。

丈二宣,又名"白露",由6人协同操作:1人掌帘,1人抬帘;2人抬额,2人扶梢。

丈六宣,又名"露皇",由14人协同操作:1人掌帘,1人抬帘;5人掌额,5人扶梢;1人扶额角,1人扶梢角。操作时各有分工,扶额角和梢角的两个操作工人在槽上协助抬帘工送收帘床,上帖时负责拉绳;扶梢5人,其中4人负责提送帘、吸帘,另一人和掌帘工及抬帘工负责上档;掌额5人,其中4人负责放帘管筒子,左侧2人,右侧2人,另一人在右侧提帘。

两丈宣,又名"千禧宣",由18人协同操作:1人掌帘,1人抬帘;8人掌额,其中有2人各负责额角、掐角;8人扶梢,其中有两人各负责梢角、吊角。操作时各有分工,上帖时有专人负责拉绳,并负责在四角协助掌帘和抬帘工上档、吸帘、提送帘。

三丈三,又称"明宣",由44人协同操作:1人掌帘,1人抬帘;21人掌额,其中有两人各负责额角、掐角;21人扶梢,其中有两人各负责梢角、吊角。操作时各有分工,掌帘工负责喊口令,以便动作整齐划一。两遍水完成后,掌额工用吊绳钩勾住帘床,与扶梢工一起将帘床送至梢部,将梢部搭在替凳上;扶梢工负责将吊绳钩钩在梢竹上,由专人将帘子吊起并移动上帖。部分扶梢工护送纸帘移动上帖、上档,另一部分扶梢工用叉子控制住缓缓下行的梢竹。梢竹下行到一定程度时,交给等待的扶额工,等纸帘全部覆盖在纸帖上时,额边的人负责起额,梢边的人负责起梢;见湿纸全部沾落在纸帖上时,将梢部整齐揭起,勾上吊绳钩,由负责拉绳的人将纸帘拉起,由扶梢工护送纸帘到帘床边,协同他人送帘上帘床。

无论捞任何一种规格的宣纸,操作工人歇槽下班时,都必须清洗纸帘。垫盖帘每周清洗一次,帘床及其他工具也要保持清洁。

2.扳榨

扳榨前湿帖水分为90%~93%。停槽后半小时将帖盖上纸板;20分钟后上压榨杆,每个帖上完压榨螺旋杆,再按先后次序轮流扳榨。注意不能连续扳,每隔5~10分钟扳一下,以防挤破。压榨后的湿帖水分,不超过75%。(图2-68)

3.抬帖

由扳榨工用两条轿杠分别将纸帖的梢、额两部架住,由两人分执轿杠的两头抬进焙房,交给晒纸工。湿帖送进焙屋,不能出"肚里筋"。工厂

扳榨
-
图2-68

的路平整后,使用板车拉帖。如使用传统的板车,将纸帖平放在板车挡边上,就容易使纸帖中间下垂,造成"肚里筋"。也有将独轮车的理念引进,将纸帖竖立靠在板车两边运送的。电瓶平板车大量推广后,直接将纸帖抬至平板车上运送。

4.放槽

在捞纸工下班后,当槽内残余纸浆自然沉底,槽水相对澄清时,用棍子将槽楔子捣开,使槽楔子自然上浮。在槽水冲出之前,须用料袋将头一口水接住(因头一口水有大量纸浆);等清水出来时,再将袋口移开。等槽内清水放到有纸浆流出时,再将料袋放进出水处接纸浆。

槽内纸浆全部流入料袋后,先让其自然滤水。此期间,用水浇冲槽的四周内外。如果槽壁黏滑,需用刷把仔细擦洗。冲洗干净后,将槽楔子四周裹上较干的纸浆,将槽底洞堵紧,放上清水,以便于数棍子。

引进净化设备后,将纸槽下方直接接上管道,以阀门控制开关。在捞纸工下班后,将阀门打开,所有的水全部通过管道流入浆料池,可用离心筛进行回收。这样既可减少纸浆流失,也可节约人力。

5.搀帖

湿帖到焙屋,靠帖要垫梢,并防止破帖、起肚里筋等纸病。

6.烘帖

烘帖也称"炕帖"。烘帖一般有三种方式:一是在晒纸工下班后,利用焙的余温,额上梢下将湿帖靠在纸焙旁,并要保持焙脚的洁净;二是晒纸工上班时,将焙头打扫干净,将纸帖架在焙头,要随时注意防止黄帖等现象发生;如前两种方式不能将纸帖烘干,就要采取第三种方式,即架火烤干,火塘内要用灰盖住明火,将纸帖架在火塘上,四周盖好壳纸,防透风,随时检查,以防出现烧帖、焦帖、黄帖等现象。一般来说,四尺、五尺、六尺等中小幅面的纸帖容易烤干;如遇大纸不便架上焙头,则需要用火塘烤干。

7.浇帖

浇帖时不能从额浇,应让出3~4 cm。水色要均匀,四周浇干净。浇水过多会引起水雀,过少纸则起焙,水浇得快容易起泡(俗称"起乌龟")。浇帖时要洗梢,浇好的帖在焙屋过夜,靠在平整洁净的木板上,上面盖好壳纸。(图2-69)

8.鞭帖

帖上架后,进行鞭帖。鞭帖时,板子要平,鞭要密;水鼓处不能鞭,以防击破。

9.做帖

手靠架边紧,不离架

浇帖
-
图2-69

做帖,以防额折和花破;开焙帖时用刷筒打松,以免雀破。

10.牵纸

用右手食指或中指点角,牵纸要牵三条线;要沿边,不能离额,断额不过三四厘米,不扯纸裤(废纸)。(图2-70)

11.晒纸

靠焙晒上,手要绷紧,刷路要均匀,起刷后的动作先后为吊角、托晒、抽心、半刷、破额角、挽刷、打八字、破梢角、破掐角、收窗口。(图2-71)

牵大纸
－
图2-70

牵纸(左)晒纸(右)
－
图2-71

12.收纸

先牵额角,身子站正,脉心要挺,右手提高靠纸,梢、额掌稳并排往下撕,梢角不能落地。一般7张一收,9张一理,四周纸边理齐。

晒纸焙屋要保持清洁,焙脚要干净。晒好的纸,每个帖梢、额和两头上的火炮引屑要除干净,然后折捆。(图2-72)

13.看纸

此环节为检验,也可与下道工序一起统称"剪纸"。在检验之前,先过秤、数纸,然后上剪纸簿。检验前要严格刷梢。看纸要用尺量,先看反面,后看正面。纸上的灰尘、垃圾要清理干净,表面的双浆团(俗称"马连子")和骨柴也要扫尽。(图2-73)

14.剪纸

剪纸时要数好张数,放好套皮纸,以50张为一个刀口;掌刀要持平,压上干

收纸
－
图2-72

看纸
－
图2-73

净石头；人要站成箭步，刀口要剪光滑整齐，成为元宝口。盖印时，手要掌稳印章，由下端呈竹节式往上端盖，要整齐、清晰；盖好刀口印后，正副牌分类堆放好。不同配料的纸巾不能混在一起，纸巾中严防套皮纸巾混入。（图2-74）

15.成品打包

成件纸要注意两头平坦，夹上签子，按品种规格确定的刀数打包。内销包装有麻袋和竹篓两种，内用包皮纸成捆，包上箬叶片，再用竹片裹紧；然后打竹篓或用麻布包装成件。外销包装以纸箱为主，成件后及时标明品名及编号。（图2-75）

剪纸
－
图2-74

打包
－
图2-75

第四节
熟 宣 加 工

1.配料

分为配植物颜料和配矿物颜料两种。配植物颜料是将分量不等的不同中药,放入铁锅加适量的水,以中火煎煮,沸腾后过滤,取其药水。药渣可继续煎用,直到没有药性后丢弃。配矿物颜料是将适量矿物颜料以冷水搅拌,经过滤后使用。(图2-76)

配料
—
图2-76

2.染色

将植物或矿物颜料放进拖矾槽中,加上植物或矿物颜料,平拖纸张。注意须防止纸张破裂。(图2-77)

刷染　　　　拖染

染色
—
图2-77

3.施胶

将配好的胶汁放在拖矾槽中,将宣纸一头固定在木条上,手抓住木条,使宣纸均匀地在胶汁水面上拖过。注意宣纸须不破、不皱。此环节也称拖矾。

4.施蜡

将原蜡均匀地涂在宣纸上。（图2–78）

施蜡
－
图2–78

5.砑光

用平滑的结构紧密的石块将宣纸纸面磨光,以减少宣纸纤维间的空隙。此工序还可将施过的蜡渗透到宣纸之中。

6.砑花

通过丝网印刷,将图案、纹饰印在宣纸上。

7.手绘

以不同颜色的笔在加工宣纸上绘出不同的图案。

8.雕版

在木板上雕刻纹饰,以便制作木版水印。

9.木板水印

在雕好的纹饰木板上涂植物或矿物颜料,将宣纸覆在木板上,用刷把刷印。（图2–79）

10.洒金银

将金（银）粉装进带细孔的容器内,均匀地洒在施过胶的湿宣纸上。

11.托裱

在书画作品的背面佐以防腐的湿粉,覆上宣纸。托裱后的书画作品由画心纸、命纸、背纸、原补纸、新托纸等五部分组成。（图2–80）

12.防蛀

在加工过程中,通过配方对纸张进行防蛀处理,以延长宣纸的寿命。

通过对一种、两种或多种加工工艺的综合使用,形成品种多样的宣纸加工品。

木板水印
–
图2-79

托裱
–
图2-80

第五节
部分工艺的改革

1.皮料制作工艺改革

传统燎皮制作工艺的工序非常复杂,需要将近一年时间才能加工完成,耗时费力。1956—1965年,安徽省泾县宣纸厂先后对宣纸的燎皮制作工艺、部分制浆工艺进行了改革,由国家轻工业部指导,厂部技术人员自行改造,引入现代造纸工艺中的烧碱、漂白粉。进行工艺改革后的工序为:浸泡、蒸煮、清洗、选检、漂白、洗漂、打浆等。这套工艺是目前泾县宣纸企业普遍采用的工艺。

2.部分制浆工艺改革

宣纸的打浆系统原来以春碓为主,草料用碓臼,皮料用碓板;然后以人工布袋清洗。安徽省泾县宣纸厂从20世纪60年代开始,逐步引用打草机、石碾、碎浆机、打浆机、洗漂机、振框筛、除砂器、圆筒筛、平筛、旋翼筛、跳筛等小型机械,减轻了劳动强度,节约了操作空间。

3.燎草制浆新工艺

1981年,安徽省科委将"宣纸制浆研究"列入省"七五"规划,由安徽农业大学主持,在泾县小岭宣纸厂进行试验。引进国外对一年生植物进行氧碱法制浆的工艺技术,对宣纸原料之一的稻草采用碱蒸煮、氧碱漂白、高浓度打浆、补漂等工序,替代传统燎草加工工艺。这一工艺使生产周期由一年缩短至2天,并节约了摊晒占用面积,减少了人挑背驮等体力劳动。先后于1987年、1988年获安徽省科技进步二等奖和国家科技进步三等奖。后因各种原因,该项目中试完成后并没有正式转化应用到生产中。

4.宣纸抄纸新工艺

从1986年开始,泾县宣纸二厂为提高宣纸产量,节约劳动力成本,陆续投入资金,引进长网造纸机,替代宣纸制造成纸中的捞纸、晒纸等工艺,并通过了国家技术鉴定。技术带头人周乃空于1989年获安徽省重大科技成果奖及轻工业部科技进步二等奖。该技术加快了生产进度,却存在宣纸紧度增强、帘纹时有时无等问题。后因负责人调离、宣纸二厂倒闭,此技术没有进行进一步完善而搁置。进入21世纪,该技术被加以改进后,广泛用于泾县机械制书画纸的生产。(图2-81)

机械制纸
-
图2-81

5.钢板焙的使用

宣纸传统的干燥方法是用耐火砖砌炉子,与操作间隔墙。操作间(又称“焙屋”“焙笼”)内用特制大砖砌一道中空墙,被称为“焙”。焙内设有烟火道,便于均匀提温。操作时,以燃料将炉子点燃,炉中高温通过烟火道传入焙墙。将湿宣纸以松毛刷刷在提温后的焙上烘干。缺陷是火墙每隔一段时间就要重建一次。

1992年开始,泾县宣纸厂开始以钢板替代原砖结构焙,采用统一燃烧点,以锅炉供热气的方法加热。此方法的优点是降低了操作面的热辐射,节约了工业燃煤,保持了操作面的整洁,节约了人力。钢板焙技术被泾县所有宣纸与书画纸生产企业采用,规模小的企业采用钢板中间贮水加热。(图2-82)

使用钢板焙
—
图2-82

6.宣纸盘帖技术改造

宣纸中的盘帖工艺一直采用湿帖架入焙房,等工人下班后,利用火墙的余温对其干燥,次日没干透的纸帖架上焙头再进行烘干。2006年,由中国宣纸集团公司提议,先后投入12万元,采用锅炉尾气对宣纸晒纸盘帖技术进行革新。改进型技术将湿纸帖集中到一地,分层摆放,以镀锌管制作干燥设备,利用锅炉尾气和气流的作用进行干燥,比人工更易控温。此技术已申报国家专利,并获安徽省科技进步奖。

7.划槽工序采用机械手

宣纸技艺中,捞纸工序中的划单槽,一直是由两名或多名操作工持长柄耙子在纸槽内搅动来完成融浆程序。2011年,中国宣纸集团公司采用机械手替代了传统的划槽,既节约了操作时间,又降低了劳动强度。此技术被多家企业采用。

8.塑料细管替代帘床芒杆

捞纸的帘床一直是木框架,中间平整铺陈禾本科芒杆。芒杆使用时间为3个月左右,成本高,耗损快。特别在后期使用时,不同程度影响产品质量。2011年,中国宣纸集团公司开始采用同型号的塑料细管替代禾本科芒杆,在提高一次性投入的同时,延长了帘床的使用寿命,也提高了纸浆的洁净度。这一改进技术迅速被泾县各家宣纸、书画纸企业推广应用。(图2-83)

以塑料管替代芒杆后的帘床
–
图2-83

第三章　宣纸的分类与选择

宣纸工艺在历代从业者与使用者的互通中渐进成熟，形成了『皮』与『草』的相互搭配关系；宣纸品种也在历史演化中发展成熟，形成品种多样化、文化立体化的格局。在历代沿袭中，部分操作难度大、文化功能特殊的宣纸品种在历史上留下了辉煌的足迹。随着宣纸的国际交流常态化，各种文化符号的规范化既拓展了宣纸的应用，也丰富了宣纸文化。

第一节
宣纸的特性、品鉴与收藏

郭沫若为宣纸题字
－
图3-1

一、宣纸的特性

宣纸是中国手工纸的代表,被誉为"纸中之冠"。宣纸的特性很多,以润墨性、稳定性、耐久性和抗蛀性见长,其中润墨性最为突出,也是历代书画家们喜爱宣纸的重要原因。(图3-1)

1.润墨性

因青檀皮细胞壁内腔大,细胞壁表面有皱褶,故其内外均能存墨。以墨汁接触宣纸纸面,随着笔力的轻重、技法的不同及沾墨量的多少,着墨面积呈放射性规则、均匀地化开。宣纸吸附墨粒作用力强,有层次感,浓处乌黑发亮,淡处浅而不灰,积墨处笔笔分明,能表现出水墨淋漓的效果。即使层层加墨,也能保持浓淡笔痕不交叉,具有浓中有淡、淡中有浓的润湿感、质感

和空间感。（图3-2）

黄胄作　　　　　　　　　　　　李可染作

宣纸作品
二
图3-2

2.稳定性

青檀皮纤维的规整度高,纤维之间的孔隙均匀,稻草的短纤维充斥其中,分布恰当。青檀皮、稻草在长期加工中,充分剔除了其中的半纤维素和杂质,使纸面受墨或受潮后不翘、不毛、不拱,能保持平整,纸的干湿收缩率极小,其变形几乎为零,稳定性好。

3.耐久性

宣纸在生产过程中无杂质掺入,保持在中性偏碱状态,含灰分（定性分析表明是碳酸钙）高,占7%~10%;含铁质量极微,不含铜质及其他金属离子;纸中纤维素的羧基含量少,因此抵抗自然因素（如光、热、水分、微生物）对其性能

（色泽、强度）侵蚀的能力强。即便在不良的外界条件下，宣纸也不会轻易发生化学变化，如生成发色基团改变纸的颜色、纤维素分子链断裂致使纸的强度下降等，所以宣纸能贮存相当长的时间不变质，耐久性良好。（图3-3）

黄胄作

—

图3-3

4.抗蛀性

由于宣纸原料中的青檀生长在小喀斯特山地中，其中含有一定量的碳酸钙微粒；再加上青檀、稻草使用石灰（碳酸钙）加工，造成一定量的碳酸钙渗透，所以具有抗蛀性。另外，在经过日晒雨淋、自然缓和处理时，充分剔除了原料中的淀粉、蛋白质等有机成分，其无味、无营养的特性形成了自然抗虫蛀性，从而延长了宣纸的使用和保存的寿命。（图3-4）

赖少其作

—

图3-4

二、宣纸的品鉴与收藏

随着人们对宣纸的认知度越来越高，宣纸已经成为我国收藏界追捧的新宠。究其原因是多方面的,归结起来,主要有以下六个方面。

（1）由于宣纸质松、润墨,初期产品燥性大,书画家在新宣纸上作书绘画,艺术表现效果没有陈年宣纸理想。

（2）受宣纸售价的影响。20世纪80年代初中期,每刀纸相当于普通公务人员一个月的工资,80年代后期才逐步降低;90年代中后期至21世纪初叶,有10年左右的时间,宣纸价格一直没进行过调整,近年虽有所上调,但人民生活水平和物价指数上升更快,相比之下,宣纸售价仍没有调至应有的历史水平线上。

（3）随着大工业化进程的加速,不同类别的手工纸在不同程度地消亡,造成求大于供的局面。

（4）一些原本热衷于炒房、炒股的投资者认为投资收藏宣纸的安全指数较高,纷纷转向。

（5）随着全社会为保护中华遗产,坚守文化自觉,坚持文化自信,国内外传统文化热逐年升温,刺激了书画艺术品收藏,书画艺术作品形成高产局面,刺激了宣纸的需求量。

(6)按现价与收入比,宣纸已经不再由社会高端人士专有,平民百姓也具备消费能力。因此,宣纸阶段性的调价与陈年宣纸受书画家追捧,是造成宣纸收藏热迅速兴起的主要原因。在兴起的宣纸收藏热潮中,一些品牌影响大、承载历史题材厚重的纪念版宣纸更是成为收藏家追捧的对象。(图3-5)

奥运纪念宣纸

清乾隆年间的加工宣纸

各种纪念版宣纸

图3-5

世博会纪念宣纸

纵观宣纸的收藏市场,中介拍卖价可谓藏品市场的晴雨表。目前,清代、民国时期的宣纸价格惊人,每张清代宣纸的平均价格已经超过1.2万元。北京一家拍卖公司就拍过35张民国宣纸,拍出价为28万元,约8 000元一张。而在2009年3月28日北京的古籍拍卖会上,一张清乾隆年间制的梅花玉版笺,幅面为49.5 cm×51.5 cm,成交价32 480元;一张明代77.5 cm×56.5 cm洒金纸,成交价为28 000元;两张民国时期135 cm×34 cm的粉蜡笺描金云龙纹对联纸,成交价2 688元;旧信笺(花笺、旧册)成交价3 360元;皮纸一卷,每张560元;素月楼信笺每张

28元。

新中国成立后,宣纸价格也是一路看涨,20世纪50—60年代,六尺宣纸,每张价格已经超过1 000元。由于经过一定年份的存放,宣纸没了"火性",在质地上也体现出特有的绵韧,一直以来被书画家视为可遇而不可求的佳品。进入20世纪80年代以后,宣纸厂家开始增多;到90年代,龙须草原料开始进入宣纸之乡。藏家在追捧"老纸"时,往往会选择品牌影响大、声誉好的宣纸,这些宣纸价格也就连年攀升。如1983年的净皮四尺单,无论是何种品牌,现在价格已在3 800到4 200元一刀;1989年的红星六尺净皮宣纸,当年价格是180元一刀,现在的价格是190元一张。就算是2000年生产的红星牌净皮四尺单,市场售价也要超过3 000元一刀。一些纪念版宣纸更是价高惊人,一张20世纪80年代出产的"师牛堂"宣纸,市场售价差不多在万元左右;红星牌"建国50周年"纪念宣纸,当时出厂不足千元,现在每刀市场售价15 000元;红星牌"新中国成立60周年"纪念宣纸,当时出厂不足3 000元,仅过去两年时间,每刀市场售价就超过8 000元……而且这些宣纸的价格几乎是见天看涨。

宣纸是一种文化产品,主要还是供给书画家们使用。如果变成纯粹的收藏品,便失去其真正的价值。新宣纸要成为陈宣纸并不难,只要存放一段时间即可。通常宣纸只要存放5年以上,便可成为陈纸,而且存放办法很简单。一般来说,宣纸的储存在常温下即可。我国北方地区空气干燥,可存放时间稍长。也有在北方创作的书画家,在使用新宣纸时,用喷壶轻洒一些水后使用,新宣纸便有陈纸的感觉。我国南方,特别是沿海地区,空气湿度大,宣纸稍作存放便可使用。南北气候差异,也是宣纸年份难以区分的主要原因。在鉴别宣纸年份时,最直接的办法,就是看成刀宣纸中的产品卡,产品卡上标有出产时间、品种、分量、规格等内容。另外,在鉴别宣纸时,要懂得有关宣纸的一些基本知识,比如某品种的规格(尺寸)、重量的中心值、生产企业用印规范等,与产品卡核对后再做出判定。同时,在鉴别宣纸年份时,还需知晓一些宣纸的基本历史,比如,目前就有某品牌20世纪60年代产的宣纸被拍了多少钱的说法。实际上,只要了解宣纸1949年后的发展史就知道,此为子虚乌有。因此,藏家在收藏宣纸时,一定要擦亮自己鉴别真伪的眼睛。

第二节
宣纸的品种与使用

一、生宣的品种与使用

宣纸品种名目繁多,自宣纸制作技艺成熟以来,主要有按配料、厚薄、规格、纸纹四种分法。按配料可分为棉料、净皮、特种净皮三大类;按厚薄可分为单宣、夹宣、二层宣、三层宣等;按规格可分为四尺、五尺、六尺、八尺、丈二、丈六、丈八(檀香宣)、二丈(千禧宣)、三丈三及各种特殊规格等;按纸纹又可分为单丝路、双丝路、罗纹、龟纹等。

宣纸在不同时期也有不同的细分办法,如中华人民共和国成立前,按配料分为棉料(草料、半皮)、皮料、黄料三大类;厚薄分为单宣、夹宣、双层、三层贡、四层贡等;按规格可分为四尺、五尺、六尺、七尺、八尺、丈二、短扇、长扇、二接半、三接半、京榜(白面)、金榜等;按纸纹又可分为单丝路、双丝路、罗纹、龟纹等。20世纪50年代后期,黄料、短扇、长扇、二接半、三接半、京榜(白面)、金榜等品种逐步淡出市场,少量黄料品种一直延续到80年代。进入21世纪后,因书画艺术创作的多样化需求,部分企业又开始恢复黄料的生产。业内根据市场需求,对宣纸的分类进行了调整,如按配料分为棉料、净皮、特种净皮三大类;按厚薄分为单宣、夹宣、二层宣、三层宣等;按规格分为四尺、五尺、六尺、八尺、丈二、丈六以及各种特种规格等;按纸纹仍分为单丝路、双丝路、罗纹、龟纹等。

根据配料分类法,其原料配比分别如下:

棉料类:燎草60%,檀皮40%。

净皮类:燎草40%,檀皮60%。

特净类:燎草20%,檀皮80%。

黄料类:青草70%,檀皮30%。

并且各时期的宣纸品种规格也有一定的差异,具体见表3-1至表3-4。

表3-1　1949年前宣纸规格表

类别	名称	规格		
		长×宽（老尺）	每刀重（老秤斤）	每刀张数
净皮	八尺单	7.2×3.6		100
	八尺夹	7.2×3.6		100
	四尺夹	4×2	7	100
	五尺夹	4.4×2.4	10	100
	六尺夹	5.2×2.8	13	100
	罗纹	4×2	3	94
	特别宣	4×2	5	94
	料半	4×2	4.5	94
	科举	4×2	6.0	94
	六尺	5.2×2.8	10	100
	白鹿	10.4×5.2		100
半皮	四尺夹	4×2	6.5	100
	五尺夹	4.4×2.4	9	100
	六尺夹	5.2×2.8	12	100
	料半	4×2	4	94
	科举	4.4×2.4	5	94
	六尺	5.2×2.8	9	100
	棉连	4×2	3.5	94
	十刀头	4×2	5	94
	接半	5.3×2.3	6.5	100
	长扇	5.2×2.1	5	94
	短扇	4.1×2.1	4	94
黄料	条头	5.2×1.4	4	100
	六尺围屏	6.6×1.6	5	100
	八尺围屏	6.8×1.8	5.5	100
	料半	4×2	3.5	94
	小六裁	2.3×1.7	2	94

表3-2 1955年宣纸规格表

类别	品名		规格		备注
	品名	别名	宽×长（公分）	每刀重（市斤16两制）	
净皮类	特净四尺单	特净料半	69×138	6.2	本表重量是十六两制，如：4.14代表4斤14两；6.2代表6斤2两。
	特净五尺单	特净科举	84×153	7.10	
	特净六尺单	特净六尺疋	97×180	11.8	
	七尺金榜		108.7×217.3	32	
	八尺疋		124.2×248.4	42	
	白鹿	丈二	144.9×365.7	75	
	露皇	潞王	193.2×496.8	135.12	
	罗纹		69×138	4.4	
	龟纹		69×138	4.4	
	棉连		69×138	4.14	
	扎花		69×138	3.0	
	四尺单	净皮料半	69×138	6.2	
	五尺单	净皮科举	84×153	7.10	
	六尺单	六尺	97×180	11.8	
	四尺双夹	四尺二层	69×138	8.3	
	五尺双夹	五尺二层	84×153	10.13	
	六尺双夹	六尺二层	97×180	17.12净皮	
	白面		124×124	8.13	
	三金榜		101.4×186.3	15.12	
棉料类	四尺单	料半	69×138	4.13	
	五尺单	科举	84×153	6.7	
	六尺单	六尺	97×180	10	
	四尺夹	四尺夹连	69×138	7.5	
	五尺夹	五尺夹连	84×153	10.4	
	六尺夹	六尺夹连	97×180	14.10	
	四尺双夹	四尺二层	69×138	8.3	
	五尺双夹	五尺二层	84×153	10.13	
	六尺双夹	六尺二层	97×180	15.13	
	四尺三层贡	四尺三层	69×138	11.2	
	五尺三层贡	五尺三层	84×153	14	
	六尺三层贡	六尺三层	97×180	20	
	棉连		69×138	4.4	
	十刀头		69×138	5.14	
	新夹连		79×109	5.12	
	四尺四层贡		69×138	19.4	

续　表

类别	品名		规格		备注
	品名	别名	宽×长（公分）	每刀重（市斤16两制）	
黄料类	短扇		73×142	5.4	
	长扇		73×184	6.2	
	二三接半	Ⅱ三接半	80×185.5	7.5	
	二四接半	Ⅱ X 接半	83×189	7.10	
	小六裁		62×96.6	2.6	
	条头	尺四条	48.3×180	5	
	黄十刀头		69×138	5.14	
	尺六屏风		55×227.7	6.5	
	尺八屏风		62×234.6	7.5	
	八尺屏风		65.5×248.8	8.4	
	九尺屏风		69×279.8	9.12	
	玛瑙槟榔		69×135		
	黄槟榔		69×135		
	红槟榔		69×135		

表3-3　1960年代宣纸规格表

类别	品名	尺寸(cm)	定量		每吨刀数
			每刀重（市斤）	g/m²	
棉料类	四尺单	69×138	4.8	25	416.70
	五尺单	84×153	6.4	25	312.50
	六尺单	97×180	10.0	28.5	200.00
	四尺夹	69×138	7.3	38	274.00
	五尺夹	84×153	10.3	40	194.20
	六尺夹	97×180	14.6	42	137.00
	四尺双夹	69×138	8.2	43	243.90
	五尺双夹	84×153	10.8	42	185.20
	六尺双夹	97×180	15.8	45	126.60
	四尺三层贡	69×138	11.1	58	180.20
	五尺三层贡	84×153	14.0	54.5	142.90
	六尺三层贡	97×180	20.0	57	100.00
	四尺四层	69×138	19.2	100	104.20
	重四尺单	69×138	5.9	31	339.00
	棉连	69×138	4.3	22	465.10
	新夹连	79×109	5.8	33	344.90

项目 类别	品名	尺寸(cm)	定量		每吨刀数
			每刀重(市斤)	g/m²	
净皮类	四尺单	69×138	6.1	32	327.90
	五尺单	84×153	7.6	29	263.20
	六尺单	97×180	11.5	33	173.90
	四尺夹	69×138	8.6	45	232.60
	五尺夹	84×153	11.0	43	181.80
	六尺夹	97×180	15.5	44	129.00
	四尺双夹	69×138	9.0	47	222.20
	五尺双夹	84×153	12.0	47	166.70
	六尺双夹	97×180	17.8	51	112.40
	四尺三层	69×138	11.5	60	173.90
	五尺三层	84×153	14.5	56	137.90
	六尺三层	97×180	20.5	59	97.60
	棉连	69×138	4.9	26	408.20
	罗纹	69×138	4.3	23	465.10
	龟纹	69×138	4.3	23	465.10
特种净皮类	四尺单	69×138	6.1	32	327.90
	五尺单	84×153	7.6	29	263.20
	六尺单	97×180	11.5	33	173.90
	四尺夹	69×138	8.6	45	232.60
	五尺夹	84×153	11.0	43	181.80
	六尺夹	97×180	15.5	44	129.00
	四尺双夹	69×138	9.0	47	222.20
	五尺双夹	84×153	12.0	47	166.70
	六尺双夹	97×180	17.8	51	112.40
	四尺三层	69×138	11.5	60	173.90
	五尺三层	84×153	14.5	56	137.90
	六尺三层	97×180	20.5	59	97.60
	棉连	69×138	4.9	26	408.20
	罗纹	69×138	4.3	23	465.10
	龟纹	69×138	4.3	23	465.10
	扎花	69×138	3	16	666.67
	八尺疋	124.2×248.4	42	60	47.64
	丈二	144.9×365.7	75	70	26.67
	丈六	193.2×496.8	135	69	14.82

续　表

| 类别 | 品名 | 尺寸(cm) | 定量 | | 每吨刀数 |
			每刀重（市斤）	g/m²	
黄料类	黄十刀头	69×138	5.9	31	339.00
	短扇	73×142	5.2	25	384.60
	长扇	73×184	6.1	23	327.90
	‖ 三接半	80×185	7.3	25	274.00
	‖ x接半	830×1890	7.6	24	263.20
	小六裁	62×96.4	2.4	20	833.30
	尺6屏风	55×227.7	6.3	25	317.50
	尺8屏风	62×234.6	7.3	25	274.00
	8尺屏风	65.5×248.4	8.3	26	241.00
	9尺屏风	69×279.4	9.8	25	204.10
	条头	48.3×207	5.0	25	400.00

表3-4　2015年宣纸规格表

类别	品种	规格(cm)	刀/箱
棉料类	三尺单	69×100	14
	重三尺单	69×100	13
	三尺棉连	69×100	16
	四尺单	69×138	10
	棉 连	69×138	13
	重四尺单	69×138	9
	四尺夹	69×138	9
	四尺二层	69×138	7
	四尺三层	69×138	5
	五尺单	84×153	7
	五尺夹	84×153	5
	五尺二层	84×153	4
	五尺三层	84×153	4
	六尺单	97×180	5
	六尺夹	97×180	4
	六尺二层	97×180	3
	六尺三层	97×180	3
	尺八屏	53×234	7
	尺八夹	53×234	5
	尺八二层	53×234	4

续 表

类别	品种	规格（cm）	刀/箱
净皮类	三尺单	69×100	12
	三尺罗纹	69×100	15
	三尺龟纹	69×100	15
	四尺单	69×138	9
	四尺三开	42×69	
	四尺半切	34×138	
	四尺对开	69×69	
	棉连	69×138	10
	罗纹	69×138	12
	龟纹	69×138	12
	五尺单	84×153	6
	六尺单	97×180	4
	尺八屏	53×234	7
	神龙祥云	84×153	1刀
	四尺礼品盒	69×138	5盒
特种净皮类	三尺单	69×100	12
	四尺单	69×138	9
	四尺三开	42×69	20
	四尺半切	34×138	
	四尺对开	69×69	
	四尺精品宣	69×138	5刀
	古艺宣	69×138	
	棉连	69×138	10
	扎花	69×138	17
	五尺单	84×153	6
	六尺单	97×180	4
	八尺疋	124.2×248.4	1
	八尺疋二层	124.2×248.4	1
	丈 二	144.9×367.9	0.5
	丈 六	193.2×503.7	0.25
	丈 八	206×566.7	0.2
	二 丈	216.2×629.1	0.2
	文魁宣	2m×2m	1
	2m×2m二层	2m×2m	1
	1.6m×1.6m	1.6m×1.6m	1
	三丈三	360×1140	

　　因市场变化,宣纸的品种也发生了变化,在传统的黄料品种退出市场后,一些超大规格的宣纸品种逐步出现,如2000年生产的千禧宣(2 162mm×6 291 mm),载入该年度上海大世界吉尼斯世界纪录;2015年生产的三丈三（3 600 mm×11 400 mm）,载入2016年吉尼斯世界纪录。2018年生产的四丈宣纸(4 000 mm×14 000 mm),刷新了此前超大规格宣纸的纪录。

　　一般来说,在选择产品时,首先要区别生宣和熟宣;在使用生宣时,选择适合个性化要求或与其艺术风格相匹配的配料,而在帘纹、规格、厚薄的选用上相对次之。（图3-6）

宣纸产品图
-
图3-6

　　黄料类宣纸属于薄型纸张,这类产品精选却不精漂,颜色偏黄,主要用于仿古扇面和仿古画的托裱,也是书画练习者的启蒙用纸。该产品的特点是本色仿古,价格比一般宣纸稍低,深受书画初学者的欢迎。因其价格高于他地生产的书画用纸,造成销路不畅,故于1963年停止生产。随着书画艺术创作的多样化发展,用于黄料宣纸创作的书画作品也日趋增多,部分宣纸生产企业根据市场需求,后又逐步恢复了该产品的生产。

　　棉料类产品墨色扩散性次于净皮,因产品中含青檀皮较少,故较适用于行云流水的书法。薄型棉料多用于剪纸或珂罗版印刷。旧时氏族宗谱、志书、藏经等一般选用中等偏薄型棉料宣纸印刷,厚型棉料类宣纸用于精装文书。1958年前后,也曾经使用该产品替代定量滤纸。

　　净皮、特种净皮类超厚、超薄型较多,最薄的是扎花,其次是罗纹、龟纹等。与棉料类相比,同规格的单宣,纸张因皮料多而稍显厚。净皮类产品墨色扩散性较好,适用于写意画或行笔较慢的楷书、隶书及临摹碑帖。特种净皮皮料最多,纸张强度高,适合多次皴染的大写意中国画。超薄型的特净纸张适用于拓片等领域。

　　在规格的选用方面,主要与使用者所承载的题材有关,大篇幅的使用大幅面的宣纸;在纸纹的选用方面,使用者若注重纸面的美观与特色,可选用个人喜爱的纸纹,也有选择个性化订制的纸纹;厚薄的选用,与个人风格和所承载的内容有关。无论采用哪一种纸张,均要根据书画者的控墨掌握程度和个人风格,选用与之相匹配的宣纸产品。

　　宣纸既有传统的保真记载作用,又有书画艺术的韵味,还能纸寿千年,随着现代印刷业的发展,传统宣纸印刷的技术障碍已被突破,使用宣纸印刷各类典藏悄然兴起。2010年,首枚以宣纸印制的特种邮票问世,开辟了微型宣纸印制的新纪元。

二、熟宣品种

　　在宣纸原纸基础上,以传统工艺进行研光、打蜡、染潢、防蛀、染色、施胶等,通过融入物理、化学、美学、气候、传统医药等多学科知识,对宣纸原纸实施改型、改性后,即成为熟宣。熟宣更为精细,外观更精美,品种内涵更丰富,既扩展了宣纸的文化内涵,又拓展了宣纸的应用领域。(图3-7)

　　宣纸微观结构的纤维间存在较大的空隙,有一定的毛细系统,使水墨上去后易出现发墨、洇彩现象。为降低纤维之间

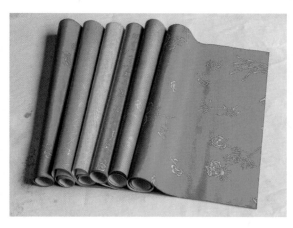

风和堂部分熟宣图
-
图3-7

的空隙,堵塞毛细系统,必须将发墨、洇彩程度降低。人们最早采用的方法是以光滑石块摩擦纸的表面,将空隙处压紧,古称"砑光",现代又称"抛光",后逐渐演变成以粉浆将纸润湿,再用木槌反复捶打,以达到将纸纤维中的空隙压紧的目的。也可通过施以淀粉或动物胶来提高宣纸对水墨的阻抗力。

　　宣纸加工古来有之,唐代张彦远(815—907年)所著的《历代名画记》载:"好事家宜置宣纸百幅,以法蜡之,以备摹写……"除此之外,还有《中国绘画史》《美术丛书》《历代诗话》《书禅室随笔》《竹屿山房杂部》《遵生八笺》《洞天清录》《格古要论》等众多的文献记载了宣纸或纸的加工工艺与配方。传统的宣纸品种主要有蜡宣、矾宣、色宣、色矾宣等百余种。宣纸制品有素白册页、印谱、折扇、信笺和仿古对联等。随着时代的发展、社会需求的增加,数百种创新性宣纸加工产品应运而生。(图3-8)

　　随着加工纸技术的日渐成熟,加上表面施胶和纸内施胶等技法的出现,各种加工纸琳琅满目。胡蕴玉在《纸说》中称:"然而产纸之区多在南,而制纸之工终逊于北。今日北京所制色笺,有非南中可能及也……"当时北京加工纸

艺宣阁部分宣纸制品

图3-8

多在琉璃厂地区,有"南纸店"和"京纸铺"之分。南纸店用宣纸等南方优质纸张,加工多色套印的花色小笺等,并经营南方所产加工纸。著名的荣宝斋,其前身就是南纸店中最负盛名的"松竹斋"。另有"清秘阁",也是南纸店中有名的老字号。京纸铺主要经营北方所产纸张,也兼加工各色纸笺,如倭子、银花、冷布等。后终因纸质基础差,再加上其他原因,京纸铺逐步淡出市场。至今,宣纸中的玉版、蝉衣、云母、冰雪、煮锤、洒金、洒银等60多种传统加工纸,多为南纸店的传统加工纸品种,其产品被广泛地用于工笔画和其他艺术创作等方面。(图3-9)

风和堂脸谱粉蜡笺
—
图3-9

　　1949年以前,因熟宣的市场需求量不大,熟宣一般由独立作坊或使用者、营销者加工。自宣纸联营期间到21世纪初期,国营、集体企业中虽有加工纸的生产,但偏重于生宣,熟宣产品基本承袭传统。进入21世纪后,一些规模较大的加工纸生产企业脱颖而出,成为行业中的佼佼者。它们不仅延续了传统加工纸的生产,还通过植入现代元素不断开发新品,成为市场宠儿。

第三节
宣 纸 名 品

1.露皇

露皇又称"潞王""潞王""丈六"等,露皇宣的生产历史可追溯到明代。据嘉庆十一年(1806年)《泾县志》记载:"潞王以帝子而名。溯朔妙制,捣网晒藤,蕴文擢采,夺雪舞云,达于三都,于国贡珍盖,风土之美秀,致品类之纷纭。"由此可见,露皇宣在民间流传甚广。皇家最初用它来糊窗、糊壁。因皇宫内室空间大,用小纸糊窗、糊壁,接缝多,所以"丈二宣"和"丈六宣"就相继而出。据爱新觉罗·溥佐回忆:"慈禧太后因嫌纸色单调,便命人在壁窗上画些山水风景作为装饰,供其欣赏。"画师们作画时,见此纸走笔不滑、润墨清晰、浑厚得体,因而大加推崇。(图3-10)

露皇宣
—
图3-10

　　露皇宣生产难度大,工艺要求高,仅捞纸一道工序就需14人共同完成。此工艺曾一度失传。为继承和发扬这一历史名纸,1964年,泾县宣纸厂经过反复试验,终于成功恢复露皇宣的生产。此纸系特种净皮,长507 cm,宽193 cm,适用于巨幅书画的创作。

　　2.白鹿

　　白鹿宣又名"丈二""百鹿""白露""白篆",创制于明代。清代钱大昕(1728—1804年)所著的《恒言录》载:"世传白鹿纸,乃龙虎山写篆之纸。有碧黄白三品,白者莹洁可爱。赵魏公(赵孟頫)用以写字作画。阔幅而长者,称'大白篆',后以白篆不雅,更名白鹿。"白鹿纸名源于江西,明代被宣纸体系使用。(图3-11)

　　在宣纸产品中,有两款纸都称为白鹿。一是大幅面的纸,又称"丈二"宣,配料为特种净皮,长365.7 cm,宽144.9 cm。此纸与露皇一样失传多年,1957年泾县宣纸厂恢复生产(图3-12)。另一款是正常的四尺规格,配料为特种净皮,每张纸隐有八只奋蹄驰骋的梅花鹿暗纹,如一张优美动人的逐鹿图。此纸也失传多年,1979年泾县小岭宣纸厂恢复生产。

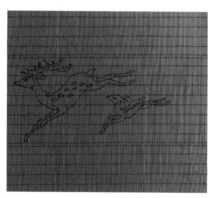

白鹿
－
图3-11

丈二宣
－
图3-12

　　3.玉版

　　玉版宣纸产生于宋代,素有"色理腻白,性柔细薄,既光且坚,久藏不蛀"等特点,深受历代书画家推崇。自宋以来,玉版宣演化成多个品种,主要体现在四尺单、四尺夹、四尺二层、六尺单等产品上,分别有生、熟玉版之分。在后继的沿袭中,逐步在所有的生宣上都加盖"玉版"印章,以示珍贵。(图3-13)

封刀口印
—
图3-13

在玉版宣纸中,最为名贵的还是清代乾隆年间加工的"冰纹梅花玉版笺",这种玉版笺长42.3 cm,宽49 cm,在优质宣纸上蜡染成牙白,再手绘梅花等图案,整张纸面的朵朵梅花间夹有冰纹,如同梅花在冰雪中绽放,生机盎然中透出傲梅气节,成为纸中名品。

4.罗纹

罗纹宣,又名金花罗纹、罗纹卷帘,是帘纹最为细密的宣纸产品,一般为净皮、特种净皮。通常规格为四尺,有少量六尺、尺八屏等规格出现。罗纹宣因帘纹密集不易渗水而深受书画家喜爱。(图3-14)

罗纹宣的生产历史最早可追溯到唐代。据北宋时期叶梦得(1077—1148年)所著《石林燕语》载:"唐初将相官告,所用有销金笺,鱼子笺,金凤笺,金花

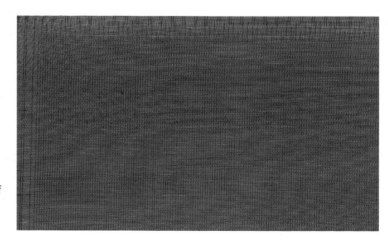

罗纹纸帘
—
图3-14

罗纹纸。"这种"金花罗纹"是在"生宣"基础上,经过再加工处理制成,具有光泽绚丽、纸张平润、受墨清晰等特点,成为历史名纸,一度作为宣纸的代名词。清康熙年间进士储在文宦游泾县,考察宣纸的生产状况时,便以"罗纹"为名创作了1 200多字、迄今最长的一篇宣纸赋——《罗纹纸赋》,此赋堪称宣纸文化史上的经典之作。

5.连四

连四,也称泾县纸,是古代对泾县所产宣纸的统称。明代文学家沈德符(1578—1642年)在《万历野获编》称:"泾县纸,粘之斋壁,阅岁亦堪入用,以灰气且尽,不复沁墨。"明末画家文震亨(1585—1645年)在《长物志·卷七》中论:"国朝连七、观音奏本、榜纸俱不佳……吴中洒金笺、松江潭笺俱不耐久,泾县连四最佳。"明末清初被称为"金陵三老"之一的周嘉胄(1582年—?)在其所著的《装潢志》中说:"纸选泾县连四……余装轴及卷册碑帖,皆纯用连四。"

6.尺屏

尺屏宣创制于明清时期,适用于巨幅长卷书画的创作、装潢装饰等方面,主要有条头、八尺围屏、六尺围屏、九尺屏风、八尺屏风、尺八屏风、尺六屏风等规格。清代及民国时期,主要以黄料类制作,被皇宫内室、民间大户广为使用,也被松竹斋(鸦片战争后易名为"荣宝斋")等专业加工经营文房四宝的老商铺加工成专用于民间豪宅的装饰用纸,成为一时之甲。新中国成立后,曾一度中断生产。当代根据市场需求,使用棉料、净皮制作成尺八屏。用此纸创作的书画作品适合张贴或悬挂在空间大、层高相对低的建筑中。

7.虎皮

虎皮宣是熟宣中的一类,因纸上花纹形似虎皮而名,有粉红、鹅黄、葱绿、旧色、淡青、淡黄、妃色、葡灰等多种颜色而组成产品系列。虎皮宣纸源于清代,据传清代某纸坊一纸工不小心将白灰水(石灰浆)溅落在已染成黄色的宣纸上,又不舍得丢弃,谁知纸干后,纸面上出现了一朵朵白花,形如虎皮之斑斓,便命名为"虎皮宣"。这种过失行为演化成"洒溅"加工方法,随着熟宣加工的后续传承,又演化出不同的颜色,形成形制多样的虎皮宣。后根据形制又分为北式虎皮宣和南式虎皮宣两个系列。北式虎皮宣以夹素宣为基,用矾水等溅泼而成,花纹明亮,纸质厚实;南式虎皮宣以染色净皮单宣为基,用糯米浆等甩洒而成,花纹含蓄,纸质绵薄。(图3-15)

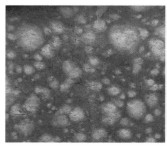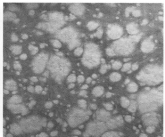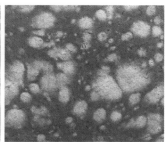

虎皮
—
图3-15

8.千禧

千禧宣又称二丈宣。2000年，为纪念人类跨入新世纪，应知名书画家的建议，中国宣纸集团公司在丈六宣的基础上，挑选18名捞纸工，制作出长653 cm、宽246 cm的超大规格宣纸，对应时代命名为"千禧宣"。此纸是当时最大的单张手工纸，被载入上海大世界基尼斯纪录。（图3-16）

9.明宣

明宣又称"三丈三宣纸"。2015年，中国宣纸股份有限公司向宣纸抄制的极限挑战，经44名捞纸工携手抄制的长11.4 m、宽3.6 m的"超级宣纸"，成为最大的手工纸，被载入吉尼斯世界纪录。国家画院院长杨晓阳试用后，认为这款宣纸"宛如一颗明星在书画艺术之林绽放"，便称其为"明宣"。（图3-17）

正在检验的千禧宣
—
图3-16

"三丈三"获吉尼斯世界纪录证书
—
图3-17

第四节
宣纸应用领域拓展

1.纪念宣纸的创新拓展

为提升宣纸的附加值或纪念重要活动,特制纪念宣纸。此纸一般从帘纹上体现,最早特制纪念宣纸的企业是泾县宣纸厂。1959年,为纪念中华人民共和国成立十周年,公私合营泾县宣纸厂制作了特种纪念宣纸,跳出了原先帘纹上单丝路、双丝路、罗纹、龟纹、丹凤朝阳、双鹿等沿袭已久的格局,独创性地将重要的庆典纪念内容放在了宣纸及帘纹上。此后的30多年中,没有出现过新的纪念宣纸产品。1993年,泾县举办了首届宣纸艺术节,中国宣纸集团公司制作了艺术节纪念版宣纸。从1997年开始,中国宣纸集团公司纪念宣纸制作进入高潮期,先后制作了香港回归、澳门回归等纪念宣纸。进入21世纪后,又制作了抗战胜利六十周年、改革开放总设计师、人类非遗等纪念宣纸。其他宣纸厂家也对应重大政治、社会题材,适时制作了纪念宣纸。这些纪念版宣纸的制作既丰富了宣纸产品,也使若干高端宣纸走向新的礼品化用途。(图3-18)

部分纪念宣纸
—
图3-18

2.定制宣纸的创新拓展

定制宣纸古已有之,因缺乏翔实资料难以准确记载。较早的记录是:1971年,泾县宣纸厂为阿尔巴尼亚国特意研制了"本色仿古棉连宣";1982年,为美国双子星版画社研制了版画纸,当时此纸有"四美兼备"之誉(红星宣纸、杭州丝绸、中国印刷、版画设计);20世纪80年代初,为国画大师李可染制作了特制的"师牛堂"宣纸,由于质优名高,此纸曾于21世纪初在宣纸交易市场上创出单刀纸超十万元人民币的高价。除此之外,泾县玉泉宣纸有限公司为钓鱼台国宾馆定制过纪念宣纸;紫金楼宣纸厂为国家图书馆、故宫博物院等机构特制过宣纸。定制版宣纸实现了优质宣纸的定向化,提升了宣纸的附加值, 为企业增效拓展了思路。(图3-19)

国家画院定制
宣纸纸帘

李可染定制"师牛堂"
宣纸纸帘

定制宣纸纸帘
–
图3-19

3.宣纸邮册的编印

2005年,由中国宣纸集团公司与泾县邮政局联合开发的《中国宣纸》邮册正式面世。该邮册由红星宣纸厂印刷,首创了用正宗宣纸印制的邮册。其主要内容有:纸寿千年、墨韵万变,日月光华、水火相济,岁月遗珍、墨宝留芳,红星闪烁、光耀五洲,传承文明、走向未来等六个章节,每个页面配以个性化邮票,外用线状函套装帧。(图3-20)

2010年,为庆祝首套宣纸邮票成功发行,中国宣纸集团公司与泾县邮政局再次推出《龙行天下》邮册。邮册封面由全国政协副主席郑万通题词,主要章节有:溯·纸寿千年、艺·中国宣纸集团公司、法·妙传真意、承·百世流芳等四个篇章,除每个页面配以个性化邮票外,还插入首枚用宣纸印制的邮票。整本邮册

中国宣纸邮册封面
-
图3-20

用天地盒装帧。同年,由宣城市人民政府监制,安徽省集邮公司发行了《纸上行云》邮册。该邮册由宣纸年轮、翰墨菁华、青史书韵、方寸天趣等篇章组成,每个页面配以个性化邮票,外用烤漆木盒包装。这些邮册集知识性、观赏性、收藏性为一体,上市后,很快成为集邮市场的娇宠,价格迅速上升。

4.邮票印制宣纸的研制

宣纸具有原料细胞壁腔大、毛孔粗等特点,能存墨、润墨,因而备受书画家的喜爱与追捧。也正因为这些特点,使宣纸难以作为现代印刷载体使用。2009年,由中国宣纸集团公司投资7万元,自行研制出能印刷的宣纸,并与北京邮票印制局联合研制出邮票印制宣纸;2010年,历史上首枚宣纸邮票《中国书法·行书》发行,实现了"国宝宣纸"与"国家名片"的完美结合;2011年,第二套宣纸邮票《中国书法·草书》问世;2014年,第三套宣纸邮票《宋词》发行。(图3-21)

用宣纸印制的
邮票
-
图3-21

第四章 代表性传承

宣纸技艺从唐代开始就以活态集体方式传承，涉及的群体与人物众多，难以一一表述。为体现传承业态的活跃性，特设《代表性传承》章节。对先后获准使用宣纸原产地域（地理）保护产品专用标志企业按批准次进行简要介绍；人物部分主要突出大国工匠、代表性传承人、中国文房四宝行业大师、省级以上劳动模范等；为体现技艺传承的连续性，列举了部分生产一线并已辞世的代表。

第一节
代表性传承单位

在泾县所有企业中，除中国宣纸股份有限公司是20世纪50年代初创建的外，其他基本为20世纪80年代后陆续兴办。截至2018年，共有16家企业先后获准使用宣纸原产地域（地理）保护产品专用标志，有2家企业争创了中国驰名商标，12家企业商标被评为安徽省著名商标，6家企业产品被授予"安徽名牌"。因考虑活态传承问题，对已经停产的企业不再录入。

1.中国宣纸股份有限公司

中国宣纸股份有限公司位于榔桥镇乌溪，是全国文房四宝行业最大的生产企业，创建于1951年，历经合股联营、公私合营、国营、股份制等多个历史阶段。现占地面积3 km²，年产宣纸占全国总产量的2/3以上。先后被国家授予"中华老字号""国家重点文化出口企业""国家级非遗生产性保护示范基地""国家文化产业示范基地""国家级高新技术企业"等荣誉称号。（图4-1）

中国宣纸股份有限公司部分场景

图4-1

中国宣纸股份有限公司生产的红星牌宣纸,是我国宣纸行业中创牌最早、连续生产时间最长的品牌宣纸,是文房四宝行业唯一于1979年、1984年、1989年三次获得国家质量金奖的产品,并先后荣获国家出口免检权、亚太博览会金奖等。1998年,红星牌宣纸商标被工商总局认定为中国驰名商标。2005年,中国宣纸股份公司被农业部授予技术创新机构;2006年被旅游局授予"全国工农业旅游示范点",同年被商务部授予"中华老字号";2009年被商务部、中宣部、财政部、文化部、广电总局、海关总署联合授予"国家文化出口重点企业";2010年被文化部授予"国家文化产业示范基地";2011年被文化部授予"国家级非物质文化遗产生产性示范基地";2012年被科技部、财政部、税务总局联合授予"国家高新技术企业";2014年被文化部授予 "2013年度十大最具影响力文化产业示范基地";2018年被工信部认定为"国家工业遗产"。

60余年来,中国宣纸股份有限公司在宣纸技艺的传承与保护、产品开发、知识产权保护、品牌经营与推广、包装更新与发展、产品延伸与拓展及环境保护等方面,占据领衔地位。在公司的积极主张与争取下,2002年,宣纸被国家质检总局批准为"中国原产地域保护产品",泾县被批准为"中国宣纸原产地"。2006年,宣纸制作技艺被国家列入"首批国家级非物质文化遗产代表作名录";2009年,宣纸传统制作技艺被联合国教科文组织列入"人类非物质文化遗产代表作名录",成为世界上第一个进入代表作名录的手工造纸类项目。(图4-2、图4-3)

驰名商标
-
图4-2

部分荣誉
—
图4-3

2.汪六吉宣纸有限公司

汪六吉宣纸有限公司位于泾川镇晏公茶冲,1985年创建。时名泾县汪六吉宣纸厂,系原潘村乡乡办企业。它启用了始于清代、并在1926年美国费城世博会上获金奖的老品牌"汪六吉"为厂名和注册商标。2002年改制为民营企业,同时更名为泾县汪六吉宣纸有限公司。厂房面积13 500 m²,14帘槽生产规模,员工65人。2018年生产宣纸50吨,产值2 000万元。1994年,在第五届亚洲太平洋国际贸易博览会上公司参会产品获金奖。2002年,汪六吉注册商标被认定为"安徽省著名商标"。2003年,首批获准使用宣纸原产地域(地理标志)保护产品专用标志。(图4-4)

汪六吉宣纸有限公司
－
图4-4

3.汪同和宣纸厂

汪同和宣纸厂位于泾川镇古坝官坑。1984年,由古坝乡、城关镇、泾县宣纸二厂三方共同出资,在古坝官坑汪同和纸庄旧址上创建泾县三联宣纸厂。1990年扩建,更名为"泾县官坑宣纸厂",启用宣纸老字号"汪同和"为注册商标。1994年,更名为"安徽省泾县汪同和宣纸厂"。厂房面积1 200 m²,11帘槽生产规模,从业人员89人。2018年生产宣纸120吨。2002年,"汪同和"宣纸商标被省工商局评为"安徽省著名商标"。2003年,首批获准使用宣纸原产地域(地理标志)保护产品专用标志。2006年,公司被文化部中国艺术科技研究所定为"中国书画家专用宣纸研发基地"。2009年,在全国第三届文化纪念品博览会上参会产品获金奖;2010年,在中国(合肥)国际博览会暨第四届中国工艺美术精品展览会上获金奖。2012年,公司生产的宣纸被中国文房四宝协会评为"国之宝""中国十大名纸"。 先后获"安徽名牌产品""安徽老字号"等荣誉称号。(图4-5)

4.金星宣纸有限公司

金星宣纸有限公司位于泾县丁家桥镇工业集中区。1984年,由丁桥乡在周村花石壁投资创建,时名"泾县金竹坑宣纸厂"。 1989年,企业规模扩大后迁至丁渡村五甲里,花石壁为分厂。1993年,易名"泾县金星宣纸厂",并迁至镇工业集中区。2003年企业改制,更名为"泾县金星宣纸有限公司"。公司占地面积31 000 m²,20帘槽生产规模。2003年,首批获准使用宣纸原产地域(地理标志)保护产品专用标志。公司主导产品为"金星""兰亭"牌宣纸,"聚星"牌机制书画纸、皮纸。2018年生产宣纸80吨、书画纸50吨、机制书画纸2 000吨。2003年、2006

汪同和宣纸厂
—
图4-5

年,"金星"牌宣纸在第十四届、十八届中国文房四宝博览会上分别被评为金奖和"国之宝"中国十大名纸。2011年,"金星"牌四尺特净宣纸在第五届中国(合肥)国际文化博览会暨2011中国工艺美术精品展览会上获金奖。2012年,注册商标"金星牌"被评为"安徽省著名商标"。截至2015年,在全国各省会城市(除西藏外)及地级市共设有50多家直营店,产品销往我国港澳台地区,并出口日本、韩国。(图4-6)

金星宣纸有限公司
—
图4-6

5.三星纸业有限公司

三星纸业有限公司位于丁家桥镇李园村。1985年,由李园村投资创办,时名

"泾县李园宣纸厂"。厂房占地面积约20 000 m²,燎草加工基地约100 000 m²。14帘槽生产规模,从业人员130人。2018年生产宣纸50吨。"三星牌"宣纸先后被评为"中国乡镇企业名牌产品""宣城市名牌产品""安徽省名牌产品"。企业创办者张水兵当选全国政协委员,被农业部授予"全国优秀乡镇企业厂长"称号。其产品于1997年获国际轻工业产品博览会金奖。2000年,企业改制,易名为"三星纸业有限公司"。2009年,其产品获第三届全国文化纪念品博览会金奖;同年,受安徽省文化厅、安徽民间文艺家协会委托,赴澳门进行文化交流,展示宣纸传统制作工艺。2003年,首批获准使用宣纸原产地域(地理标志)产品专用标志。2010年,其注册商标"三星牌"被评为"安徽省著名商标"。(图4-7)

三星纸业有限公司

图4-7

6.吉星宣纸有限公司

吉星宣纸有限公司位于泾县城西上坊湖山坑。1999年创建,时名"泾县吉星宣纸厂";2004年,更名为"泾县吉星宣纸有限公司"。厂房占地面积3 560 m²,6帘槽生产规模,现有员工75人。2018年,生产宣纸28吨,实现销售收入400余万元。主要产品有棉料、净皮、特净三大类,分别有罗纹、龟纹、极品宣、精制宣、扎花、二层夹宣、四层夹宣等品种。规格有四尺、五尺、六尺、八尺等多品种单宣,以及各种加工宣和工艺品。先后为黄永玉、刘大为等名家及荣宝斋等名店特制高、中档宣纸。2004年,公司获得自营进出口经营权。2005年,第二批获准使用宣纸原产地域(地理标志)保护产品专用标志。2013年,"日星"牌宣纸获"宣城市名牌产品"称号。2014年,注册商标"日星"牌被认定为"宣城市知名商标"。(图4-8)

吉星宣纸有限公司
-
图4-8

7.桃记宣纸有限公司

桃记宣纸有限公司位于汀溪乡上漕村。创办于1986年,为村办企业,时名"泾县古艺宣纸厂",使用"古艺"为商标。1991年,开始启用始创于光绪二年(1876年)的老品牌"桃记"为注册商标。2001年企业改制,更名为"安徽省泾县桃记宣纸有限公司"。占地面积6 500 m²,其中厂房面积约3 000 m²。6帘槽生产规模,现有员工50余人。2018年,生产宣纸45吨,年销售收入1 010万元。其产品有棉料、净皮、特净皮三大类60多个品种。2005年,第二批获准使用原产地域保护(地理标志)产品专用标志。2009年,"桃记"被评为"宣城市知名商标";同年,"桃记"牌宣纸荣获第三届全国文化纪念品博览会金奖。2013年,"桃记"被评为"安徽省著名商标"。2010年,"桃记"牌特种净皮四尺单获中国(合肥)国际文化博览会暨第四届中国工艺美术精品展览会金奖。2012年,公司加入安徽省传统工艺美术保护和发展促进会。2013年,"桃记"特种净皮四尺单获安徽省第二届传统工艺美术产品一等奖。2014年,"桃记"字号(品牌)被评定为"安徽老字号";同年,公司成为中国文房四宝协会会员单位。2015年,为纪念"桃记"牌宣纸在巴拿马万国博览会上荣获金奖100周年,公司制作的特种纪念宣纸"桃记"(1915—2015年)荣获中国(山东)首届文房四宝博览会金奖。(图4-9)

桃记宣纸有限公司
-
图4-9

8.玉泉宣纸纸业有限公司

玉泉宣纸纸业有限公司位于泾县丁家桥镇李园村。创办于1996年，时名"安徽省泾县玉泉宣纸厂"。2004年，转为公司化运营，改成"安徽省泾县玉泉宣纸纸业有限公司"。注册商标有"玉泉""玉马"。公司占地约35 000 ㎡，厂房面积12 000 ㎡，28帘槽生产规模。公司以生产宣纸为主，使用"玉泉"牌商标；以书画纸为辅，使用"玉马"牌商标。拥有员工150余人。2018年，销售额达2 550万元。2005年，第二批获准使用国家原产地域（地理标志）保护产品专用标志。2012年，"玉泉"商标被安徽省工商局评为"安徽省著名商标"。"玉泉"牌宣纸产品有棉料、净皮、特种净皮三大类100多个品种。2010年、2011年，"玉泉"牌宣纸先后在中国（合肥）国际博览会暨第四、第五届工艺美术精品展览会上获金奖。（图4-10）

玉泉宣纸纸业有限公司
-
图4-10

9.明星宣纸厂

明星宣纸厂位于丁家桥镇工业集中区。1986年，创办于丁家桥包村，时名"泾县包村宣纸厂"，使用"星球"牌为商标。1988年宣纸厂迁至工业集中区，易名为"泾县泾水桥宣纸厂"，注册商标为"明星"。1993年引进台资，企业用名"安徽常春纸业有限公司"，与"泾县明星宣纸厂"企业名称并用；同年，获自营进出口经营权。厂房面积12 000 ㎡，拥有8帘宣纸槽、6帘手工书画纸槽、20帘喷浆书画纸槽、4条机械书画纸生产流水线。2018年，生产宣纸80余吨。宣纸产品含棉料、净皮、特种净皮三大类100多个品种。2005年，第二批获准使用宣纸原产地域

（地理标志）保护产品专用标志。2006年，"明星"牌宣纸被中国文房四宝协会评为"国之宝"中国十大名纸。2011年，公司被安徽省文化厅授予"安徽省文化产业示范基地"。2013年，"明星"牌宣纸商标被评为"安徽省著名商标"。2013年、2014年，公司连续两年被安徽省委宣传部、安徽省文化厅评为"安徽省民营文化企业100强"。2015年，"明星"牌宣纸被认定为"安徽名牌产品"。1995年开始设专卖店，开创了宣纸企业"家有厂，外有店"的经营模式，先后在北京、天津、上海、哈尔滨、沈阳、济南、石家庄、太原、郑州、西安、重庆、长沙、广州、合肥等地开设专卖店。（图4-11）

明星宣纸厂
—
图4-11

10.双鹿宣纸有限公司

双鹿宣纸有限公司位于泾县泾川镇城西工业园区。1979年，太元乡园林村创办村办企业"百岭坑宣纸厂"，使用"双鹿"为商标。1995年，因原厂址交通、通信不便，将厂移至322省道北侧。2001年申请破产后，民间集资购买原百岭坑宣纸厂厂房设备，成立"安徽泾县双鹿宣纸有限公司"。公司占地面积约2 800 ㎡，10帘槽生产规模，员工56人。2018年生产宣纸30余吨，销售收入800万元。"双鹿"牌宣纸配料有棉料、净皮、特种净皮等，规格有四尺、五尺、六尺、八尺、丈二、尺八屏等，厚薄有单宣、夹宣、三层等，帘纹有罗纹、龟纹等，加上定制产品，有上百个品种。2003年，"双鹿"牌四尺单获中国文房四宝协会金奖。2005年，第二批获准使用宣纸原产地域（地理标志）保护产品专用标志。（图4-12）

双鹿宣纸有限公司
–
图4–12

11.紫金楼宣纸厂（安徽曹氏宣纸有限公司）

　　紫金楼宣纸厂位于丁家桥镇李园村枫坑。1985年创办"紫金楼宣纸栈"，1987年改名"紫金楼宣纸厂"。1989年注册"曹氏"牌商标，成为泾县第一家个体工商户注册的宣纸厂。厂区占地面积4 000 m²，8帘槽生产规模，员工45人。1993年，"曹氏"牌宣纸在北京国际书画博览会上获金奖，并被中国文房四宝协会授予"中国十大名纸"称号。1997年，安徽省政府授予公司"先进私营企业"称号。2000年，为保障宣纸原料供应，组建了宣纸原料合作社。"曹氏"牌商标连续16年被评为"安徽省著名商标"。2001年，在北京琉璃厂开设宣纸直销店，先后在上海、武汉、广州等大中城市设立经销点。2005年，第二批获准使用宣纸原产地域（地理标志）保护产品专用标志。2012年，公司被中国艺术科技研究所定为"古法宣纸研发基地"。（图4–13）

紫金楼宣纸厂
–
图4–13

12.千年古宣宣纸有限公司

　　千年古宣宣纸有限公司位于丁家桥镇小岭周坑。2001年创建，厂房面积12 000 m²，6帘槽生产规模，员工68人，年产宣纸15 000刀。2015年，实现销售收入2 800万元。注册的"千年古宣"图形商标，2004年被评为"宣城市知名商标"。

2005年,第二批获准使用宣纸原产地域(地理标志)保护产品专用标志。2006年公司被中国艺术研究所定为"中国书画家专用宣纸研发基地";同年,其产品获中国文房四宝行业优质产品金奖。2008年,其产品被国家文物局评为"中华民族艺术珍品"。2009年,产品被评为"安徽省名牌产品";同年,在日本书画艺术大展中获国际优秀奖,在第三届全国文化纪念品博览会上获金奖。2009年,注册商标被评为"安徽省著名商标";2015年,被国家工商总局认定为"中国驰名商标"。(图4-14)

千年古宣的门店
-
图4-14

13.恒星宣纸有限公司

　　恒星宣纸有限公司位于泾县丁家桥镇后山村。1989年创办,原名"泾县恒星宣纸厂"。占地面积约20 000 m²,员工120余人。32帘槽生产规模,其中6帘槽专门生产宣纸,2018年年产宣纸60余吨。2010年,公司被定为"安徽省文化产业基地"。2011年,"恒星"宣纸商标被评为"安徽省著名商标";2013年,被授予"安徽名牌产品"。2015年,公司被安徽省委宣传部、安徽省文化厅、安徽省新闻出版广电局评定为"安徽民营文化企业100强";同年,第三批获准使用宣纸原产地域(地理标志)保护产品专用标志。自1998年以来,公司先后在北京、天津、沈阳、济南、西安、武汉、杭州、南昌、福州等大中城市设立了直销网点。近年来,在淘宝、天猫等网络平台上开设了"恒星宣纸店"。2014年,为解决宣纸存放地域

与气候差异问题,兴建了"安徽恒星名家宣纸库"。(图4-15)

恒星宣纸有限公司
–
图4-15

14.金宣堂宣纸厂

金宣堂宣纸厂位于榔桥镇大庄村。由1982年创办的浙溪燎草厂发展而成,时属乡办企业,从事燎草生产。2002年改制为私营企业,更名为"泾县金宣堂宣纸厂"。占地面积3 000 m²,晒滩面积100 000 m²。6帘槽生产规模,员工40多人。年产宣纸原料400多吨,宣纸60多吨。生产的原料除满足自身宣纸生产所需外,其余全部出售。注册商标有"星月""金宣堂"。产品按原料分为净皮、特皮、棉料三大类,品种齐全。2012年,纸厂被中国书画家协会评为"重点推荐单位"。2013年,被中国经济报社瞭望中国网评为"企业品牌推广联盟单位"。2014年,被中国工业合作协会评为"中国优质产品供应商"。2013年,"星月"牌特皮四尺单获安徽省传统工艺美术产品展三等奖。2015年,"星月"牌特皮四尺扎花获山东首届文房四宝博览会金奖。同年,第三批获准使用宣纸地理(原产地域)标志保护产品专用标志。(图4-16)

金宣堂宣纸厂
–
图4-16

表4-1为宣纸原产地域产品专用标志获批使用企业名录,表4-2、表4-3分别为中国驰名商标、安徽省著名商标企业名录。

表4-1 国家质量监督检验检疫总局批准使用
宣纸原产地域产品专用标志(地理标志)企业名

序号	企业名称	注册商标	批准时间	批次
1	中国宣纸集团公司 (中国宣纸股份有限公司)	红星	2003年2月	一
2	泾县汪六吉宣纸有限责任公司	汪六吉	2003年2月	一
3	泾县汪同和宣纸有限公司	汪同和	2003年2月	一
4	泾县金星宣纸有限公司	金星	2003年2月	一
5	泾县李园宣纸厂(三星纸业有限公司)	三星	2003年2月	一
6	泾县吉星(翔马)宣纸厂	吉星、翔马	2005年4月	二
7	泾县曹鸿记纸业有限公司	曹鸿记	2005年4月	二
8	泾县红叶宣纸有限公司	红叶	2005年4月	二
9	泾县桃记宣纸有限公司	桃记	2005年4月	二
10	泾县双鹿宣纸有限公司	双鹿	2005年4月	二
11	泾县玉泉宣纸纸业有限公司	玉泉	2005年4月	二
12	泾县明星宣纸厂	明星	2005年4月	二
13	泾县紫金楼宣纸厂	曹氏	2005年4月	二
14	泾县千年古宣宣纸厂	图形	2005年4月	二
15	安徽恒星宣纸有限公司	恒星	2015年3月	三
16	泾县金宣堂宣纸厂	星月、金宣堂	2015年3月	三

表4-2 中国驰名商标企业名录

序号	企业名称	商标
1	中国宣纸集团股份有限公司	红星
2	安徽千年古宣宣纸有限公司	图形

表4-3　安徽省著名商标企业名

序号	企业名称	商标
1	中国宣纸集团股份有限公司	红星
2	泾县汪六吉宣纸有限公司	汪六吉
3	泾县紫金楼宣纸厂	曹氏
4	泾县汪同和宣纸厂	汪同和
5	安徽千年古宣纸有限公司	图形
6	安徽泾县三星纸业有限公司	三星
7	安徽泾县曹鸿记纸业有限公司	曹鸿记
8	安徽恒星纸业有限公司	恒星
9	安徽泾县玉泉宣纸纸业有限公司	玉泉
10	安徽常春纸业有限公司	明星
11	安徽泾县金星宣纸有限公司	金星
12	安徽省泾县桃记宣纸有限公司	桃记

第二节
国家级代表性传承人

1.邢春荣

1954年5月生,泾县榔桥人。宣纸制作技艺国家级非物质文化遗产代表性传承人、高级工艺美术师、安徽省工艺美术大师、安徽民间工艺大师、安徽省民间文化杰出传承人。1973年参加工作,先后任泾县宣纸厂(中国宣纸集团公司)晒纸工、车间主任、312厂厂长、副总经理等职。参与晒制的宣纸于1979年、1984年、1989年三次荣获国家质量金奖。主持开发的"香港回归纪念宣""澳门回归纪念宣""千禧宣"等产品被故宫博物院、荣宝斋等机构收藏。2002年至2008年期间,作为撰稿人之一,先后完成了《宣纸》国家标准(GB18379—2002,GB/T19379—2008)、《书画纸》国家标准(GB/T22828—2008)的修订。2008年,组织人员研发的"宣纸湿贴的干燥方法及干燥设备"获国家实用发明专利。作为主要执行者之一，完成了中国宣纸集团公司ISO90001国家质量体系和ISO14000国际环境体系认证。邢春荣除以传统方式带徒弟数十人外，还参与编写了宣城市工业学校《宣纸文化简史》《宣纸制作工艺》《宣纸装裱工艺》等教材。（图4-17）

邢春荣在晒纸
-
图4-17

2.曹光华

1954年生，泾县小岭人，高级工艺美术师、安徽省工艺美术大师、中国文房四宝协会"宣纸艺术大师"、宣纸制作技艺国家级非物质文化遗产代表性传承人。1970年参加工作，先后在泾县小岭宣纸厂（泾县红旗宣纸有限公司）任医生、副厂长、厂长、董事长兼总经理等职。2003年，与他人合办双鹿宣纸厂。20世

曹光华
-
图4-18

纪80年代,参与"宣纸燎草新工艺"重大科研项目的生产性试验,并通过了省级技术鉴定,获"安徽省科学技术成果奖"。主持生产的"红旗"牌国务院办公厅专用宣纸获亚太地区"国际博览会金奖"。为北京人民大会堂制作的"中华九龙宝纸",是迄今层数最多的宣纸。制作的"曹光华"牌宣纸在第十八届全国文房四宝艺术博览会上获优质产品金奖,被中国文房四宝协会评为"中国十大名纸"。 2008年7月,被批准为享受安徽省人民政府特殊津贴的专家。(图4-18)

第三节
省级代表性传承人

1.孙双林

1967年生,泾县琴溪人。宣纸制作技艺省级非物质文化遗产代表性传承人。1984年进入泾县宣纸厂,师从捞纸技术能手沈洁明,掌握了精湛的捞纸技术。1997年,捞制了"香港回归"特种纪念宣纸。1999年,捞制了"建国五十周年"和"澳门回归"特种纪念宣纸。2008年,代表公司参加第二十九届北京奥运会开幕式,表演宣纸制作技艺;在宣纸传统制作技艺申报人类非物质文化遗产代表作宣传片中,他展示了捞纸技艺。2009年7月12日,代表公司参加了中央电视台"欢乐中国行·魅力宣城"节目现场表演。2010年,代表公司参加上海世博会安徽文化活动周活动,进行了为期一周的捞纸技艺现场展示。2012年,在澳门国际投资博览会上,他展示了宣纸捞纸技艺。(图4-19)

孙双林捞纸
-
图4-19

2.朱建胜

1967年生，泾县西阳人。宣纸制作技艺省级非物质文化遗产代表性传承人。1987年进入泾县宣纸厂任捞纸工，长期从事六尺、尺八屏等大规格宣纸的捞制，是捞纸车间的技术骨干。1997年，参与研发"香港回归"特种纪念宣；1999年，参与研发"建国五十周年"和"澳门回归"特种纪念宣；2008年，代表公司参加第二十九届北京奥运会开幕式，表演宣纸制作技艺；在宣纸传统制作技艺申报人类非物质文化遗产代表作宣传片中，他展示了捞纸技艺。2009年7月12日，代表公司参加中央电视台"欢乐中国行·魅力宣城"节目现场表演。2009年，参加邮票宣纸的捞纸工作，为邮票宣纸的研制成功贡献了一分力量。2010年，代表公司参加上海世博会安徽文化活动周活动，进行了为期一周的捞纸技艺现场展示。（图4-20）

朱建胜捞纸
—
图4-20

3.郑志香

1970年生，泾县琴溪人。宣纸制作技艺省级非物质文化遗产代表性传承人（图4-21）。1994年进入泾县宣纸厂检验车间工作，长期从事六尺、尺八屏、特种纸等产品的检验工作。2007年，选调到宣纸文化园古法宣纸生产线从事剪纸工作。2008年，代表公司参加第二十九届北京奥运会开幕式，表演宣纸制作技艺。在宣纸传统制作技艺申报人类非物质文化遗产代表作宣

郑志香
—
图4-21

传片中,她表演了剪纸和打印技艺。2009年7月12日,代表公司参加了中央电视台"欢乐中国行·魅力宣城"节目,现场表演剪纸技艺,展示了宣纸女工的风采。中国宣纸集团公司与国家邮票总局共同研制开发新产品邮票宣纸时,郑志香被公司选派,参与了检验、砑光和剪纸工作。

4.汪息发

1971年生,安徽省宁国人。宣纸制作技艺省级非物质文化遗产代表性传承人。1987年进入泾县宣纸厂,在晒纸车间从事晒纸工作。20世纪90年代,参与研发并晒制了"建国五十周年""香港回归""澳门回归"等特种纪念宣纸。2000年参与研发并晒制了当时最大的手工制作宣纸"二丈宣"("千禧宣")。2007年,因技术过硬,被调去研发、晒制"古艺宣""乾隆贡宣"等特种宣纸。2008年,代表公司参加第二十九届北京奥运会开幕式,表演宣纸制作技艺;在宣纸传统制作技艺申报人类非物质文化遗产代表作宣传片中,他展示了晒纸技艺。2009年7月12日,代表公司参加了中央电视台"欢乐中国行·魅力宣城"节目的现场表演。他参与研发并晒制的邮票专用宣纸获国家发明专利。(图4-22)

汪息发
-
图4-22

5.罗鸣

1972年生,泾县童瞳人。1993年毕业于陕西科技大学制浆造纸系,随后进入中国宣纸集团公司工作。先后任办事员、生产办副主任、环保办主任、生产办主任、542厂长、公司副总经理等职。正高级工程师,高级工艺美术师,宣纸制作技艺省级非物质文化遗产代表性传承人,中国文房四宝协会宣纸艺术大师,安徽省工艺美术大师。兼任安徽省宣纸、书画纸专业标准化委员会秘书长,全国造纸标准化技术委员会委员,安徽省宣纸工程研究中心副主任。他参与修订了宣纸、书画纸国家标准,制订并申报的燎草、古艺宣、邮票纸等三项行业标准获得工信部立项,制订企业各类技术标准、操作规程100余项。曾主持国家科技部科技支撑计划项目6项,主持省科技厅科技攻关项目10余项。他主持开展的"晒纸蒸汽烘焙""热水捞纸""机械榨帖""机械搅拌槽水""塑料芒杆""浆料离心甩干""旋转焙晒纸"等技术革新项目荣获国家专利17项,其中发明专利5项。主持了中国宣纸股份有限公司542和312两个厂区污水站改造工程项目的建设,解决了宣纸生产污染问题。自主研制出黑液综合利用的技术方案,解决了宣纸生产中的黑液难处理问题。他所主持的项目获省、市、县科技进步二、三等奖多项,国家示范项目两项。个人获得安徽省政府特殊津贴,入选安徽省"第八届学科带头人及拔尖人才"。(图4-23)

罗鸣在端料
图4-23

6.佘贤兵

1978年生,泾县安吴人。1999年创办艺宣阁宣纸工艺品加工厂。安徽民间工艺师,安徽民间文化传承人,安徽省工艺美术大师,宣纸制品加工技艺省级非物质文化遗产代表性传承人。2009年,佘贤兵承担了国家文物局"指南针"项目,成功发掘失传数百年的"澄心堂纸""金粟山写经纸""蠲纸"等历史名纸的加工工艺并恢复其生产,得到国家文物局、故宫博物院、北京大学、中科院自然史所等相关机构和科研院所的高度称赞。2010年,恢复与发展了传统加工纸名品"兰亭蚕纸""手札""宣德贡笺"的加工工艺,使我国古老的传统加工纸工艺得以延续、发展。2013年,在佘贤兵的积极主张与争取下,宣纸制品加工技艺被列为安徽省非物质文化遗产代表作。(图4-24)

佘贤兵在宣纸上打蜡
－
图4-24

第四节
其他代表性人物

1.曹宁泰(1911—1998年)

也称"曹宁太""曹毛子",乳名"黑倪",小岭方家山人(图4-25)。16岁开始做学徒,出师后,先后在百岭坑、方家山、西山、汪义坑等纸棚捞纸,后因宣纸滞销而失业。1951年,宣纸生产复苏后,他因捞纸技术过硬,先后在百岭坑宣纸生产小组、元龙坑第四生产部捞纸。组建宣纸联营处时,他参与集资,成为74个股东之一。1957年,他和曹祺宝等人带头参加恢复中断多年的"扎花""丈二"宣的试制与生产工作。1958年,曹宁泰当选为安徽省手工业合作社第一届社员代表;1959年10月26日,参

曹宁泰
－
图4-25

加了在北京人民大会堂召开的"全国工业、交通运输、基本建设、财贸方面社会主义建设先进集体和先进生产者代表大会"(简称"全国群英会"),这是人民大会堂建成后的第一次大型会议。刘少奇、周恩来、朱德、邓小平、宋庆龄等党和国家领导人出席会议并接见了与会代表(芜湖专区只有两名代表,另一位是铁画大师储炎庆)。1963年,当选为安徽省手工业合作社第二届社员代表;1964年,当选为安徽省第三届人大代表。

2.曹六生(1920—2002年)

又名"曹禄生",小岭皮滩人。13岁就在本村的"曹恒源秀记"纸棚学晒纸,出师后先后在"曹恒源秀记""曹恒源姚记""曹信义进记""曹恒源步记"等宣纸棚晒纸。1956年,到公私合营泾县宣纸厂晒纸。他的晒纸技术全面,晒大、小、厚、薄纸的技术超群。1957年,恢复生产"扎花""丈二"宣时,他是晒纸工序的主要技术力量之一。从1956年开始,他连年获得厂部奖励,1974年获"县先进生产者"荣誉称号。1979年,出席"安徽省工艺美术艺人创作设计人员代表大会"和"全国工艺美术艺人创作设计人员代表大会",受到华国锋和叶剑英、邓小平、李先念等党和国家领导人的接见并合影留念。

3.周乃空

1932年生,浙江桐庐人,高级工程师、高级工艺美术师、安徽省工艺美术大师(图4-26)。1954年由空军某部转业到泾县宣纸厂,先后担任宣纸厂生产技术科科长、技术副厂长。1984年任泾县宣纸二厂厂长兼党委书记。1992年调任宣纸研究所所长。退休后与人合办双鹿宣纸厂,任技术总监。周乃空是新中国成立后成长起来的集宣纸技术改革、宣纸技艺实验与企业家于一身的人物,在20世纪七八十年代就被公认为宣纸"状元"。20世纪50年代,他牵头制订的《宣纸技术操作规程》,是宣纸生产史上的第一个章程。1984年主持"宣纸抄造新工艺"科研项目中试,1988年该项目通过国家技术鉴定,1989年获轻工业部科技进步二等奖,同年获安徽省重

周乃空
图4-26

大科技成果奖。1987年参与《宣纸》专业标准ZBY32013—88的制订。在泾县宣纸厂、宣纸二厂工作期间,撰写的《宣纸生产的工艺改革》《稻草的制浆方法》《杨藤药胶》等论文在多家造纸专业刊物上发表。1958年、1959年,周乃空两度被安徽省人民委员会授予"劳动模范"称号。

4.曹伟民

1938年生,泾县小岭人。1957年进入泾县宣纸厂工作,历任捞纸工,工段长,党支部书记,工会副主席、主席等职。1957年,参与捞制并恢复白鹿宣(丈二宣)的生产。1964年,参与捞制并恢复露皇宣(丈六宣)的生产。1971年8月,参与捞制为阿尔巴尼亚试制的本色棉料仿古宣纸。1982年,为美国双子星版画社成功创制8 mm厚的特需版画宣纸490张,获得美国商人的高度好评。其先进事迹先后被《人民日报》等多家主流媒体报道,曾连续两届(第五、第六届)当选全国人大代表,是宣纸行业中的首位全国人大代表。(图4-27)

曹伟民
－
图4-27

5.陈伟庭

1938年生,广东人,高级工程师。1963年7月毕业于广东轻工学院,分配至泾县宣纸厂从事技术工作至退休。在20世纪六七十年代,陈伟庭独立设计并制作了鞭(燎)草机、压药(杨藤)机和电动打包机等工具与设备,这些工具与设备在企业使用至今;参与宣纸制浆系统技术改造项目,此项目至今仍在宣纸企业中普遍使用。20世纪80年代,陈伟庭参与"宣纸燎草制浆新工艺"省级科研技术攻关研究项目并获成功,此项目先后获安徽省重大科学技术研究成果奖、安徽省科技进步二等奖、国家科技进步三等奖。1992年,陈伟庭从事蒸汽焙的设计、技术指导和试验等工作,完成了蒸汽焙替代传统土焙技改项目。1994年10月,陈伟庭因贡献突出享受国务院特殊津贴,成为当年宣城地区唯一获此殊荣者。(图4-28)

陈伟庭
－
图4-28

曹明星
－
图4-29

6.曹明星

1950年生于泾县,1965年12月进入泾县宣纸厂从事晒纸工作,1986年被安徽省工会授予"生产能手"称号及五一劳动奖章。1988年,被轻工业部授予"优秀工艺美术专业技术人员"称号。1998年,作为宣纸业界杰出代表,赴加拿大参加中国传统工艺巡回展演8个月。(图4-29)

7.张水兵(1954—2008年)

泾县丁家桥人。1985年,张水兵以多年做笆片生意的结余为原始资金,以自家住房和菜园抵押贷款,并动员本村村民参与,创建了泾县李元宣纸厂,注册商标为"三星"。经过数年奋斗,李元宣纸厂发展到14帘槽,员工140余人。运营高峰时,改变捞纸历来昼产夜停的单班操作模式,开设停人不停槽的两班生产制以增加产量。另外,他还分别于1986年、1996年新建了棉纸、热锂瓷炊具两条生产线,企业员工总数发展到500余人,不仅解决了本村劳力就业问题,还吸纳了大批外村劳力。企业的发展改变了李元村面貌,并完成了"李元新村"的初步建设。企业为李元新村配备了电话、自来水、液化燃具、彩电等生活用具,免费提供给本村村民使用。同时,还为村里创办了学校、卫生院、敬老院等社会福利设施,被时任中宣部副部长的龚育之誉为"农村社会主义经济发展的排头兵"。1990年5月,56个国家驻华使节及夫人参观访问了李元村,并给予了高度评价。李元宣纸厂、李元新村的创建者张水兵除任李元村党支部书记、村委会主任,丁家桥镇党委副书记、副镇长外,还当选为第八届全国政协委员。2005年,农业部授予张水兵"全国优秀乡镇企业厂长"称号。(图4-30)

张水兵
－
图4-30

8.钱邦发

1954年出生,安徽无为县人,现任安徽省泾县孔丹纸业有限公司总经理。安徽省民间文化传承人,民间工艺师,安徽省工艺美术大师,中国文房四宝宣纸艺术大师。1972年参加工作,1984年任泾县宣纸二厂机电车间主任。钱邦发是泾县宣纸二厂"宣纸抄造新工艺"(机械化制造宣纸)项目的领导组成员,负责项目的设备安装和工程施工技术指导。1988年,他参与的科研项目"宣纸抄造新工艺"在北京人民大会堂通过国家科委鉴定。1998年参与泾县红旗宣纸厂（小岭宣纸厂）省级科研项目"宣纸燎草制浆新工艺"(氧碱法)试验,担任机械安装调试队队长;1999年该项目通过安徽省科委鉴定。2003年,钱邦发自筹资金创建了泾县孔丹纸业有

钱邦发
－
图4-31

限公司。他利用泾县宣纸二厂机械化试制宣纸的技术成果,成功地在1092型长网造纸机上制造出宣纸、书画纸。2009年6月创制出一万米长的长卷檀皮宣。（图4-31）

9.仇小燕

1955年生于泾县,原籍安徽舒城。1973年进入泾县宣纸厂从事捞纸工作。她坚持在生产一线10余年,常年担当罗纹、龟纹、扎花等技术要求高的薄型宣纸的捞制任务,每月产量、质量不逊于壮年男性捞纸工,1983年被授予"全国三八红旗手"称号。（图4-32）

10.胡青山

1955年生,泾县汀溪乡人,安徽省工艺美术大师。1975年开始在务农间隙进行青檀皮加工。1982年参与创办苏红七里坑燎

仇小燕
－
图4-32

胡青山
－
图4-33

草加工厂,从事燎草加工工作。1986年,在原苏红乡新建村创办的泾县古艺宣纸厂任厂长。2001年,独资创办桃记宣纸有限公司,注册商标为"桃记"。2013年"桃记"牌宣纸商标被评为安徽省著名商标。2014年"桃记"被评为安徽省老字号。2015年"桃记"牌宣纸被评为宣城市名牌产品。2019年企业被评为宣城市放心消费示范单位。2018年,"桃记"牌宣纸被中国文房四宝协会评为"国之宝"和中国十大名纸。(图4-33)

11.卢一葵

1956年生,泾县人。安徽民间工艺师,安徽民间文化传承人,高级工艺美术师。2001年创办泾县千年古宣宣纸厂。2006年,千年古宣宣纸厂生产的"千年古宣"宣纸获中国文房四宝行业优质产品金奖;2008年,被国家文物局评为"中华民族艺术珍品"。同年,他被授予"中国经济百名杰出人物"荣誉称号。2010年,被中国民营企业联合管理会授予"优秀民营企业家"称号。2011年5月起,开始享受省政府特殊津贴。(图4-34)

卢一葵
－
图4-34

12.李一峰

1958年生,安徽南陵人。1978年进入泾县宣纸厂工作,先后任剪纸(检验)工、工段长、车间主任、工会副主席兼女工委主任。1996年任泾县人大常委会常委，1999年10月调县人大任驻会常委。李一峰是宣纸行业杰出的女工代表，她深知检验车间是保证宣纸质量的最后关卡，工作上一丝不苟，十分负责。担任检验工十多年间，她所检验的产品出厂后从未发现过任何瑕疵，为企业赢得了信誉。担任车间主任后，她提出了"精检寿纸尽己责，永叫国宝占美名"的口号，以增强全体检验工的责任感。在担任工会副主席、女工委主席后，她仍兼任检验车间主任，不脱离生产第一线。由于工作出色，李一峰1987年被全国总工会、轻工部、财政部联合

李一峰
－
图4-35

表彰为"全国优秀女职工"，1988年、1993年、1998年，连续当选第七届、第八届、第九届全国人大代表。（图4-35）

13.张必跃

1959年生，泾县人。1979年进入安徽省泾县宣纸厂工作，是一名听力1级残疾的残疾人。他努力学习技术，一心扑在工作上，不怕累，不怕苦，在露天环境下从事高强度原料生产工作，几十年如一日，爱岗敬业，吃苦耐劳，经常一年干两年的活，将毕生精力都奉献给了宣纸事业，是一位"老黄牛"式的宣纸工人。曾连续多年被评为先进工作者，1989年被评为厂级劳模。1990年12月被轻工业部、中国轻工业工会全国委员会授予"全国轻工业劳动模范"称号。（图4-36）

张必跃
－
图4-36

14.朱正海

1961年生，宣城市（宣州区）人。高级工艺美术师、安徽省工艺美术大师。1981年从合肥农业机械化学校毕业后进入泾县农机厂工作，1982年调入泾县宣纸二厂从事质量检验工作。泾县宣纸二厂倒闭后，朱正海创办安徽泾县艺英轩宣纸工艺品厂。1997年至1999年在泾县小岭宣纸厂"宣纸燎草浆新工艺"项

目组工作。1999年11月至2002年12月在中国宣纸集团公司技术中心从事成品宣纸质量检验检测工作。2003年至2012年任泾县双鹿宣纸有限公司工艺技术主管。2012年10月被泾县汪六吉宣纸有限公司和泾县红叶宣纸公司聘为技术顾问。2001年成功研发了"水纹笺"加工纸。2006年至2007年参与了著名画家范曾、冯大中专用宣纸的研制工作。从1991年起，先后在《中国文房四宝》《安徽造纸》《纸和造纸》《广西民族大学学报》等期刊上发表了《竹帘与宣纸》《青檀皮浆的生产实践》《宣纸加工纸种类及水纹笺的制作》《宣纸燎草浆的生产工艺和质量检验》《宣纸熟宣的加工工艺》等多篇论文。（图4-37）

朱正海
–
图4-37

15.曹建勤

1963年生，泾县小岭人。安徽省民间工艺师、安徽省民间文化传承人、全国促进文化发展工程工作委员会中华传统工艺大师、安徽省工艺美术大师。1980年进入泾县小岭宣纸厂工作。1982至1986年参与安徽农业大学潘祖耀教授主持的"宣纸燎草新工艺"课题研究。1984年在合肥工业大学林产化工研究所学习。1986年独资创办泾县紫金楼宣纸厂。自1986年起，随父曹人杰参与指导了歙县文房四宝宣纸厂、安徽十竹斋宣纸厂、江苏宜兴宣纸厂及泾县多家宣纸厂的创办工作。2000年，为保障本厂宣纸优质原料的供应，组建了宣纸原料合作社。2001年，在北京琉璃厂专门开设了曹氏宣纸直销店。曹氏宣纸被书法家启功赞誉并题写"宣纸世家"。1993年，曹氏宣纸在北京国际书画博览会上获金奖，被中国文房四宝协会评为"中国十大名纸"。自1999年以来，"曹氏"宣纸商标已连续16年被认定为"安徽省著名商标"。（图4-38）

16.吴中良

1965年生，泾县小岭人。安徽民间工艺师、民间文化传承人、中国文房四宝宣纸艺术大师、高级工艺美术师、泾县第三批县级拔尖人才、安徽省工艺美术大师。1988年退伍分配到泾县宣纸厂工作，先后任泾县宣纸厂保卫科办事员、312厂总支副书记、312厂长、542厂长、公司纪检书记等职。在任312厂

曹建勤
-
图4-38

长期间，潜心研究宣纸生产技术，设计改造了多项工艺设备和流程，推行了原料分类量化投入生产管理、工艺过程监控检测分析等制度。2000年7月参与组织、研发、生产了"千禧宣"（二丈宣）。2006年带头研究并发明了"宣纸湿贴干燥装置"设备。2008年和2010年负责完成了两期"盘贴"项目建设，该项发明于2009年5月获得国家知识产权局颁发的发明专利和实用新型专利两项证书。在主持542厂宣纸生产管理期间，参与研发生产了"红星精品宣纸""千年宣纸、百年世博""建党90周年""辛亥革命100周年" 等特制纪念宣纸。（图4-39）

吴中良
-
图4-39

17.高玉生

1965年生，泾县丁家桥人。现为泾县玉泉宣纸纸业有限公司董事长，安徽省工艺美术大师。1986年进泾县金竹坑宣纸厂从事捞纸工作，后转做销售工作。1997年，创办了泾县玉泉宣纸有限公司。公司发展高峰期，28帘槽生产，员工150余人，年销售额达2 500余万元。注册商标"玉泉"牌于2012年被安徽省工商局认定为"安徽省著名商标"。"玉泉"牌宣纸先后于2010年、2011年在中国

高玉生
-
图4-40

（合肥）国际博览会暨第四、第五届工艺美术精品展览会上获金奖，先后特制过"钓鱼台"国宾馆专用宣纸和"百年中行"纪念宣纸。（图4-40）

18.黄迎福

1966年生，安徽巢县人。安徽省民间工艺师和民间文化传承人，安徽省工艺美术大师，中国文房四宝宣纸艺术大师。1986年毕业于安徽省第一轻工业学校制浆造纸专业，分配至泾县宣纸厂工作，先后任办事员、质检科长、分厂副厂长、厂长、宣纸研究所常务副所长、质量总监、副总经理等职。1987年参与宣纸专业标准的制定工作。1995年，"草浆净化工序"技改成果被省轻工业厅评为质量控制成果三等奖。参与研制生产了"香港回归"纪念宣、"建国五十周年"纪念宣、"澳门回归"纪念宣、奥运纪念宣、"建国六十周年"纪念宣和红星精品宣纸。其中，红星精品宣纸获安徽省科技成果奖。2005年负责公司ISO9001质量体系认证工作，并顺利通过上海质量审核中心的认证。2006年组织生产了"古艺宣"和"乾隆贡宣"。2008年组织了邮票宣纸的试制工作，解决了手工生产邮票宣纸的一系列难题，获国家发明专利和安徽省科技进步二等奖。组织了"燎草蒸煮工艺"革新，获两项专利和宣城市科技进步二等奖。在公司原料基地开发建设中，"青檀树开发与利用"项目获2012—2013年度中国林业产业创新奖（林浆纸类）二等奖。（图4-41）

黄迎福
-
图4-41

19.陈宇平

1966年生，泾县蔡村人。中国文房四宝宣纸艺术大师。1991年7月毕业于安徽农学院（现安徽农业大学）制浆造纸专业，分配至安徽省泾县宣纸厂工作。曾任泾县宣纸厂（中国宣纸集团公司）质检办办事员、副主任、主任，技术中心主任，312厂长兼总经理助理等职。陈宇平参与编制了宣纸、书画纸国家标准，公司环境质量体系管理执行文件和企业技术标准；参与编写过《宣纸工艺》校本教科书。他参与研制的捞纸搅拌器、蒸煮檀皮的工艺方法及檀皮浆的漂白工艺方法均获得国家实用新型发明专利；参与研制的红星精品宣纸荣获安徽省科技研究成果奖；参与研制的生檀皮工艺创新获得安徽省科技进步三等奖。

陈宇平
—
图4-42

另外，他还参与了公司污水处理改造、黑液综合治理利用及檀皮集中制浆工程，是"千禧宣""三丈三"特大规格宣纸的主要研制者之一。自担任312厂厂长后，组织对宣纸制浆过程中的皮浆漂白工艺进行改进，提高了宣纸质量，降低了工人的劳动强度。对捞纸过程中冬季制作槽水恒温控制的研制，改善了工人的劳动环境。（图4-42）

20.赵永成

1966年5月生，泾县榔桥人（图4-43）。1988年招工进入泾县宣纸厂做晒纸工。赵永成在晒纸中始终坚持"吃苦耐劳，勤奋至上"，在入厂的当年就被评为先进生产者，并连年保持这一荣誉；同时多次荣获企业"技术标兵"称号。赵永成除自己练就一身过硬技术外，还在车间积极"传、帮、带"，使晒纸工人的整体技术水平不断提高。1992年5月，公司决定开发"超级贡品宣纸"等20多个新品种，但不少晒纸工人的技术达不到要求，赵永成见状主动攻克技术难关，并不厌其烦地示范传授，终于使所有晒纸工的技术都达到要求，为新产品开发立下了

赵永成
—
图4-43

一功。他1996年被国家轻工部评为全国轻工系统劳动模范,2000年被授予全国劳动模范称号,2003年当选安徽省人大代表,2008年被选为北京奥运会火炬手。

21.周东红

1967年生,泾县丁家桥人。1986年2月招工进泾县宣纸厂担任捞纸工。周东红热爱宣纸事业,刻苦钻研,积极探索捞纸生产技艺,在工作中始终坚持"质量第一"。自1988年以来,他20多次荣获"生产能手""先进生产者""文明标兵""优秀员工"称号。1992年,周东红被选入企业研发队伍,先后参与捞制了"香港回归"纪念宣、"澳门回归"纪念宣、"建国五十周年"纪念宣、"建厂五十周年"纪念宣、"建军八十周年"纪念宣、"乾隆贡宣"、"建党九十周年"纪念宣、"辛亥革命一百周年"纪念宣、"非物质文化遗产"纪念宣等多种特制宣纸。因他在平凡的岗位上做出了不平凡的成绩,2007年获宣城市第二届"杰出职工"称号。2009年被评为县级劳动模范,2012年被评为省级劳动模范,2015年被评为全国劳动模范。2015年"五一"期间,中央电视台推出专题系列节目《大国工匠》。周东红列于其中,成为8位"大国工匠"之一,跻身"国宝级"技工行列。(图4-44)

周东红
-
图4-44

22.毛胜利

1969年生,泾县榔桥人。1987年6月招工进入泾县宣纸厂(今中国宣纸股份有限公司)从事晒纸工作。从入厂开始,不仅每年超额完成生产任务,还多次承担"三丈三特大"纪念宣纸、"千禧"宣和"香港回归""澳门回归""建党九十周年""辛亥革命一百周年"等重大题材的纪念宣及多位艺术家私人订制特种宣纸的新产品开发重任。他几十年如一日,不仅保持出勤率100%,还为公司培养了多名晒纸技术骨干,被誉为"晒纸车间的铁人"。他曾多次被公司评为"高级技师""优秀员工""先进工作者",他所在的班组曾被安徽省轻纺行业授予"模范班组"光荣称号。2016年,被中宣部和中央电视台评为第四批"大国工匠";2018年,被授予全国五一劳动奖章。(图4-45)

毛胜利
-
图4-45

23.姚忠华

1978年生,泾县丁家桥人。中国文房四宝宣纸艺术大师。姚忠华于1998年高中毕业后进入父亲创办的明星宣纸厂工作,先是到北京"宗日纸业有限公司"(明星宣纸专卖店)担任销售经理,2000年接任明星宣纸厂厂长。2001年,开发研制了"古籍印刷宣纸"。2002年,从厦门引进喷浆捞纸工艺,提高了书画纸的捞纸速度。为拓宽宣纸销路,在全国各大中城市增设专卖店的基础上,组建了电子商务团队,开辟了网络销售平台。2006年,"明星"牌宣纸被中国文房四宝协会评为"国之宝"和中国十大名纸。2010年,企业通过ISO9001质量管理体系认证。 2011年,企业获得安徽省第二届文化产业示范基地称号。2013年,"明星"宣纸商标被认定为安徽省著名商标。2013年、2014年,连续两年获"安徽民营文化企业100强"。2015年"明星"牌宣纸被评为"安徽省名牌产品"。(图4–46)

姚忠华
—
图4–46

第五章 与宣纸相关的民俗

宣纸制作技艺在安徽省泾县一带传承，与泾县的文化紧密结合，形成特有的宣纸社区文化，其中较为典型的是宣纸的民俗文化。宣纸的民俗主要有『祭蔡伦』『春酒』『关门酒』，表现形式有别于其他纸业。随着社会的发展，宣纸的旧民俗已出现断代，而新民俗在技艺传承中衍生，体现出宣纸文化的多样性。

第一节
祭 蔡 伦

　　祭祖习俗在各行业中都有,在旧时的宣纸行业中,流行祭造纸始祖蔡伦的活动。泾县小岭在明代建有蔡伦祠,定期进行祭祀活动。祭蔡伦共有三项内容。

　　每年农历三月十六日(传说是蔡伦诞辰日),整个行业停产,由业(棚)主率领工人携各色供品、香烛前往蔡伦祠拜祭,祈求纸祖在新的一年里的佑护。拜祭结束后,各业(棚)主集中讨论,推选出当年的领头人;在领头人的主持下,讨论并确定当年的檀皮、稻草收购价,产品售价,以及工人工资等。所定价格允许各棚户浮动,但幅度不能超过10%。为遵守约定,回避矛盾,棚户对关系户收购燎草或草坯时,采取"草秤"(凡达到42 kg便可算作50 kg)方式优惠。出售一般宣纸品种时,采取94张为一刀,隐性抬高宣纸价格。

　　每年农历九月十八日(传说此日为蔡伦的忌日)集体停工,由业(棚)主宴请工人。当日上午,靠近蔡伦祠的棚户由业(棚)主带领工人到蔡伦祠上香拜祭;距蔡伦祠路程远的棚户,由业(棚)主在棚区或堂屋设香案上香拜祭蔡伦。拜祭活动结束后,工人可以对劳资和纸棚的发展提意见。涉及劳资等方面的意见,由业(棚)主在次年的农历三月十六带到会上集体讨论;如发现重大问题,可以向当年的领头人汇报,再由领头人酌情是否召集临时会议商定。

　　宣纸技工行拜师礼时,需要祭拜蔡伦。在遇到技术难题无法解决时,也要祭拜蔡伦。无论棚主还是技术工种的从业者,在每年年夜饭之前的祭祀中,都要摆上蔡伦、土地、祖先等供位,进行祭拜。捞超大规格宣纸品种时,日夜香火不断,以此祈求祖师爷保佑生产顺利。(图5-1)

　　附:蔡伦祠

　　蔡伦祠建于明代,位于小岭许湾深潭山麓斗室庵之东。祠为砖木结构,有大厅、边屋,占地约300 m²,大厅内供奉蔡伦神像。祠周翠竹环拱,大门石阶旁松柏参天,青檀葱郁,溪水潺潺,白云萦绕。祠东数十株牡丹,春来竞放,香飘山谷。蔡伦祠于民国二十四年(1935年)秋重修,竖《重修汉封龙亭侯蔡公祠记》石碑，"文化大革命"中作为"四旧"被毁。现仅存《重修汉封龙亭侯蔡公祠记》的碑文。

《重修汉封龙亭侯蔡公祠记》

大凡事之废弛也，宜乎振兴；物之摧败也，宜乎葺修。溯汉代龙亭侯发明造纸流传于世者，殆遍全球。惟我族居泾西小岭，崇山峻岭，所出之宣纸为他纸冠，尤为吾皖之特产，故人民共食力于宣纸业得度生机者，其恩至深且远。先人恩酬德泽，建庙深潭之上，并塑神像于兹，为永建奉祀之资。迄今庙宇颓圮，不足以壮观瞻。爰我族父老集议重修，以竟先人之遗志。幸赖仁人善士，慷慨乐输。特于斗室之东经之营之。鸠工庀材，焕然一新。虽无栌薄栉梲之华丽，幸有山水苍翠之雄胜。且白云环绕，仍伏藩篱，碧山拱照，视作屏障，朝

原来的蔡伦祠遗址上仅剩一座寺庙

图5-1

晖夕阳，气象万千，此为庙之胜概者，固亦罄竹难述也。今适新庙告成，勒诸贞珉，以暲圣德。非有意留名以耀当时者计，惟期后人追昔人。兴感之由，喻怀弗忘，矢守弗替，以垂千秋不朽云尔。（义捐名单及金额略）

中华民国二十四年一月　谷旦立

第二节
春　酒

"春酒"又称"开工酒"，是宣纸行业每年春节后开工的首要活动，一般以春

节过后第一次开槽捞纸的时间为春酒时间。这一天,业主开设筵席,宴请的对象是所有在他家工作的纸工,以及村中没有开办宣纸作坊的人家,一户一人。在筵席开始前,业主要带领纸工祭祀纸祖蔡伦。祭祖的方式各家不同,讲究的业主在自家堂前设香案,带着纸工摆香炉烧香、磕头,礼毕后烧冥纸,燃鞭炮后开席。不太讲究的业主,露天烧上一些冥纸,就直接燃放鞭炮开席。其主要作用就是宣布新的一年正式开始了,希望本作坊在全体纸工的努力下,在全村老少的帮助下,在纸祖蔡伦的佑护下,全年顺利,财源广进。邀请每户一人参加筵席,就是希望能得到邻居的帮助。

随着宣纸生产企业进入公有制后,春酒的活动自然消失。21世纪以来,各厂开办春酒的活动逐渐盛行,不同的是宴请的对象只限本厂务工人员,也没有祭祀活动,只有在开工的当天燃放爆竹、烟花。国有宣纸企业没有宴请这项活动,只燃放爆竹、烟花。

第三节
关 门 酒

关门酒是宣纸行业在每年岁末放年假前,由业主举办的一种仪式。具体时间不定,最迟在每年的农历腊月二十四日,所谓"长工短工,腊月二十四散工"。在散工的这一天,业(棚)主请所有的纸工吃饭。席中,业主与雇工们交流并总结一年的工作,业主也可对纸工说明来年的工作方向以及年后的开工时间,纸工们可以畅所欲言。讲究的业主,在筵席开席之前要祭纸祖,祭祀方式与办春酒时差不多。不讲究的业主就在晚饭时间开席。吃完宴席后,业主或纸工此时可能会有单独交流,这种交流的中心内容主要是个别纸工的去留问题。比如,业主要想解雇一个纸工,会单独找到那位纸工,对他说:"明年我可能要减产,所以可能不需要那么多人了"。纸工自然知道老板是什么意思,也就主动向老板请辞。还有一种就是纸工自己不想在这个作坊做了,对老板说:"我家有个亲戚,来年叫我到他那边去做。"业主若想挽留,便说:"这一年我做得不好,请直接指出来,来年改正。"或者说:"要过年了,带几斤肉回去。"如果这位纸工愿意继续留下,便直接对老板说哪里有什么问题;如果坦然接受老板的馈赠,就说明来年愿意留下。

在关门酒仪式结束后,村中也有个别困难户会找上业主,对业主说:"某某老板,开过年来,我想卖点柴火给你家。"或:"某某老板,开过年来,我想卖点檀皮给你家。"此时,业主会主动拿出两个大洋,用红纸封了包给此人。否则,业主家的木柴库或檀皮库失火,定然是此人所为。两个大洋基本可以保证此人一家过春节的费用,开年后,此人也会象征性地挑上几担木柴或一些檀皮给业主;当然也有不提供的,业主也不会提。

第四节

纸 乡 俗 语

旧时,纸乡称宣纸厂为"纸棚",宣纸工人为"棚花子"。在生产和生活中,形成的一些地方俗语收录如后。

一是社会俗语,如:"有钱的人家挂字画,种田的人家挂犁耙,没下数(修养)的人家老婆乱插话。""长工短工,腊月二十四散工。""有钱无钱,回家过年;青菜豆腐,全家团圆。""穿靴带顶茂林吴家,开仓卖稻云岭陈家,冲担打杵小岭曹家,叮咚踢踏后山张家。"

二是技艺操作俗语,如:对摊晒原料的要求是"三根不搭边,石头不见天";对捞纸的技术要求是"头遍水靠边,二遍水破心;头遍水要响,二遍水要平;梢手要松,额手要紧;抬帘的活,掌帘的要稳;放帘要做筒,起额要平;掀帘要像一块板,传帘要像管箕口"。

三是行业俗语,如:"剪纸的先生,捞纸匠,晒纸的伢儿不像样。""好汉不当宣纸郎,讨不起老婆养不起娘。""原料越陈越好,皮料越高越好,做工越细越好。""做宣纸好比绣花,是个十分细致的活。"

四是原料选材上的俗语,如:"只要三溪草,不要铜陵皮。""若要宣纸质量好,应用贵池皮、花林草。"

五是书画家对宣纸的评价:"轻似蝉翼白如雪,抖似细绸不闻声。""抓在手里像棉花,摊开来像块绸布。"

第五节
宣纸新民俗

---

(1)20世纪80年代,全县新办宣纸厂逐渐增多,各厂均参照大厂,每月中旬计算出上月生产量,按月发放工资。从20世纪90年代开始,国营、集体企业仍按月发放工资,其他性质的宣纸厂则到年底一并发放,工人平时用钱到企业主手中支取。

(2)除少数企业设有专门财会人员外,各宣纸厂均采用买卖方式交由代账人或会计事务所代理。

(3)自2004年开始,中国宣纸集团公司每到年底都要举办年会活动,以此庆贺一年的圆满收官。初举办时,由公司宴请分管副县长、部分与生产经营有关的县直单位负责人及公司中层以上管理人员。此后,逐年扩大范围,添加了文艺会演,邀请县直各单位、各乡镇负责人参加,活动地点设在县城最大的酒店。2014年后,取消宴请,在公司露天举办自编、自演的文艺会演,参加的有后勤管理人员和不当班的一线工人,现场抽取若干名幸运者,由公司领导班子成员为幸运者赠送书画家题写的"福"字。(图5-2)

(4)2010年,全县宣纸、书画纸企业激增,行业内出现了用工荒,各厂的捞纸、晒纸岗位人员奇缺。各厂家为最大限度开展生产,一旦与纸工口头确定协定,就先发一定数额的"聘用费",此费用不计入计件工资。每家企业都开办了食堂,不断提高伙食标准,为工人免费提供三餐。每到周六,企业主都要在附近酒店宴请工人。两年后,"聘用费"的现象逐渐停止。此后,企业食堂从免费提供三餐减少至一餐,也取消了每周六的宴请。只有部分小规模企业在年初开门、年底关门时适量宴请工人。

送书法到宣纸集团
–
图5–2

（5）2017年，泾县小岭曹氏为纪念先祖曹大三由元代至正年间迁居小岭，广泛向社会筹集资金，举行祭奠曹大三活动，并以泾县小岭为"宣纸发源地"的名义，邀请社会各界人士参加。（图5–3）

泾县小岭曹氏祭祖
–
图5–3

第六章　持续活态传承的思考

目前，泾县宣纸、书画纸行业出现多元化格局，其原因主要源自企业和技艺从业者两方面：一是全县被原产地域（现为地理标志）保护办公室授权生产宣纸的企业有16家，常年纯粹生产宣纸的企业不足5户，阶段性生产宣纸或兼产书画纸的企业不足20家。二是书画纸生产企业有300余户，其中半数以上企业为家庭作坊式，人员流动也较为频繁。三是从事技艺的匠人中，一般以宣纸技艺中的捞纸、晒纸、剪纸者居多，这些掌握技艺的匠人从21世纪初就逐步掌控了选择业主的所有权。由于受市场或技术人员等问题的制约，泾县小规模的书画纸企业生产不稳定，半停产或停产情况时有发生。

一、当代宣纸产业乱象丛生

宣纸原料取自于泾县及周边地区的青檀皮、稻草，工序多、耗时长，原料成本也昂贵；其他手工纸的原料主要有龙须草、构皮、雁皮、三桠皮、竹浆、木浆、麦秸等浆料，成本低廉，加工时间也短。二者相比，其他手工纸的原料成本只相当于宣纸的6.1%~40%，故引得制售假宣纸的人趋之若鹜，以手工纸冒充宣纸，以非泾县产纸冒充宣纸，造成乱象丛生。最主要的是绝大部分消费者不懂宣纸概念，真假不辨，加上宣纸经营者无底线地趋利，为假冒宣纸横行推波助澜。

1.其他手工纸冒充宣纸是普遍现象

中国古代造纸术在传播过程中，就地取材尝试各种原辅材料制纸，诞生出各种各样的纸品；而每一种纸的产生和延续都与当地的需求有很大关联，这种关联形成了纸品与需求的鱼水关系。随着现代科技文明的进步与发展，各类纸种迅速被现代工业品替代，如纸酒海、裱糊房间、窗花、甲胄、祭祀、丧葬、书契文书等，各纸品所承载的文化与实用功能逐渐弱化或消亡，唯独书画文化保持着强劲的发展势头，使各类手工纸不得不向书画艺术领域靠拢。其次是现代发达的物流业，为各类纸品充当宣纸提供了便捷手段。其三是当今社会很多文化趋于快餐化，人们习惯于从网络上获取知识，很少辨别其中的真伪。在使用纸时，很少有人去了解其中的内涵与知识。这些现实构成了假冒宣纸横行的先决条件与文化土壤。（图6-1和图6-2）

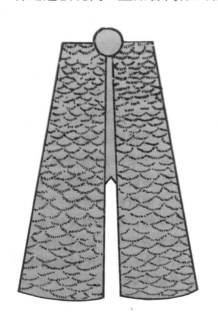

《武备志》中的纸甲

图6-1

文房四宝的经营自古就有，到近现代，以北京荣宝斋、上海朵云轩、南京十竹斋及各省文物商店为代表，不

用纸花装饰起来的
大花轿子
－
图6-2

仅有着良好的信誉,而且有多年的文化积淀支撑,极少出现假货。随着市场的放开,全国各地出现了很多文房四宝商店,从业人群大部分来自手工纸集中生产地域,也是制假售假的高发地。近年来,随着网商、电商的兴起,为更多的售假者提供了平台,消费者稍有不慎便会上当。同时,全国各地都有生产型、加工型企业与个人为售假者提供产品保障。各地的工商管理部门除了地方保护外,加上自身也不懂行,间接地为制假售假开设了绿灯,以至于所有生产型、加工型、营销型的企业在工商登记时,绝大部分以宣纸名称出现;不能以宣纸名称出现的,大多采用"××纸业""××宣纸工艺品厂",极少使用"×书画纸厂"名称。（图6-3）

一般的文房四宝商店店面
－
图6-3

2.宣纸产地的假冒现象愈演愈烈

1990年前,安徽省泾县作为宣纸的原产地,本地所有生产者均能保持宣纸生产的纯洁性。此后,泾县企业开始出现一轮洗牌,国营、集体、乡镇等公有制企业不是转轨就是停产，私营、个体企业良莠不齐，宣纸产品乱象丛生。

1992年，经安徽省政府批准，将泾县宣纸厂与事业单位泾县宣纸工业局、中国宣纸公司合并，成立中国宣纸集团公司，继续使用"安徽省泾县宣纸厂"为从属名称。2013年，引进战略投资者，易名为"中国宣纸股份有限公司"。该公司一直是最大的宣纸生产企业，也是宣纸中的名牌"红星"牌宣纸的生产企业，是各家宣纸企业争相模仿的对象。

集体所有制企业、安徽省泾县小岭宣纸厂改制成红旗宣纸有限公司，除维持小岭西山、许湾和氧碱法三个本部基地生产外，还以授权或贴牌方式鼓励小岭其他私营（个体）宣纸厂生产，其产量曾达到高峰。2001年前后正式停产，虽没倒闭，但已名存实亡。因该企业在改制时，没有将"安徽省小岭宣纸厂"的工商登记进行保护，被私营企业登记；"红旗"牌宣纸商标在企业停产后，由泾县人民政府协调，交由中国宣纸集团公司保护。因小岭一地不断上访，中国宣纸集团公司不得不放弃"红旗"牌宣纸商标的保护权。在红旗宣纸有限公司停产后不到20年的时间，不少宣纸、书画纸企业冒用"红旗"商标，以牟取利益最大化。（图6-4、图6-5、图6-6）

泾县小岭——荒废的宣纸生产车间

图6-4

泾县小岭许湾——荒废的原料加工厂房

图6-5

泾县小岭许湾——被遗弃的宣纸加工器具

图6-6

全民所有制的安徽省泾县宣纸二厂于1986年引进机械造纸机，开始宣纸捞纸新工艺的技术创新，通过中试后，因投资额度过大，资不抵债，勉强维持了几年，于2000年前后破产倒闭。"鸡球"牌宣纸商标虽转让给为其提供破产成本的中国宣纸集团公司，但假冒"鸡球"牌宣纸的现象时有发生。

乡镇企业金竹坑、官坑、泥坑、茶村、慈坑等宣纸厂维持了几年的惨淡经营后实行企业改制，由乡镇集体经济转成私营企业；金竹坑、官坑、茶村分别以金星宣纸有限公司、汪同和宣纸厂、汪六吉宣纸有限公司等形象出现，而泥坑、慈坑等宣纸厂均已倒闭。联户或村办企业黄山、李园、周村、鹿园、包村、生力、朱家、丁渡、乾隆裱画、新渡、包村凤泉、肖村、边河、周村成林、草塌、古艺新建、王

百岭宣纸厂废弃的厂房

图6-7

府、郭村、湖山、柏岭等宣纸或书画纸厂大部分倒闭，生存下来的李园、包村、古艺新建、湖山、柏岭宣纸厂分别发展成现在的三星纸业、明星宣纸厂、桃记宣纸厂、吉星翔马宣纸厂和双鹿宣纸有限公司，而其余宣纸厂不是倒闭就是以其他面目出现，现今难以整体对照。在现存的企业中，除少数保持生产宣纸的纯粹性外，大部分兼产书画纸，有的仅生产书画纸。（图6-7）

20世纪90年代，宣纸行业引进龙须草成熟浆料，开始生产外形像宣纸的产品，这种产品被称为"泾县书画纸"。这种原料的成本只有宣纸原料成本的6.1%左右，生产出来的产品冠以"宣纸"向外营销，大大增加了利润空间。泾县以外的手工纸产区也生产各种材料的书画纸，均冠以"宣纸"推向市场。国内外绝大部分宣纸用户都难以分辨，只以高档或价高来进行区分。随着人们对纸张认知度的提高，部分书画纸生产企业的利润空间逐渐降低，便将成本更低的木浆掺入龙须草中，这样制成的纸强度提高、成本降低，其润墨性大大降低，各书画纸企业纷纷将高细度的碳酸钙粉混入龙须草与木的混合浆料中。随即，业内人士又开始引进构皮、雁皮、三桠皮、竹浆、木浆、麦秸浆等成熟浆料，引进单人捞纸或喷浆成纸技术，至此，采用多种原料和各种形制的制纸与正宗的宣纸形成并存局面，使宣纸市场鱼目混珠、泥沙俱下的现象愈演愈烈，造成国内外宣

纸市场乱象丛生、真假难辨。(图6-8)

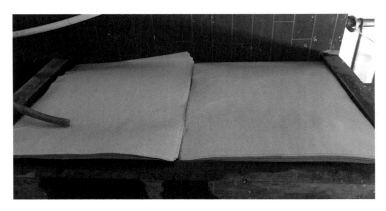

备用的龙须草浆板
-
图6-8

1990年以前,宣纸加工一般都附属在宣纸生产企业中,如中国宣纸集团的劳动服务公司、泾县宣纸二厂的浣月轩、小岭宣纸厂的劳动服务公司、柏岭宣纸厂的百岭轩,均以本厂副牌宣纸为原纸,加工成熟宣及宣纸制品。也有少数个体户加工宣纸,但大多不成规模。市场上的熟宣与宣纸制品以宣纸为原纸的多,少数以书画纸为原纸进行加工,也有从外地买低档书画纸当夹层使用的,如册页。1990年以后,一些小规模的宣纸加工企业逐步出现。进入21世纪后,宣纸加工企业成为泾县宣纸、书画纸行业中不容忽视的力量,各种原纸充斥其中,各种染料齐下,有的工序如涂布、印染、复卷等被机械替代。

截至2018年底,泾县工商登记注册宣纸企业264家,个体户817户。另有书画纸企业96家,个体户875户。这些企业的产品均冠以宣纸营销,宣纸行业鱼目混珠的现象愈演愈烈。

二、宣纸技艺传承的瓶颈

(1)由于宣纸生产技术难度大,习艺周期长,特别辛苦的工种如捞纸、晒纸、原料加工等,年轻人多不愿学,已经后继乏人。

(2)因投资少,产业准入门槛低,宣纸、书画纸企业的增多,造成捞纸、晒纸等技术工人紧俏。在供需严重失衡的情况下,无论企业经营者还是技艺从业者,都存在传统职业道德和操守的缺失,使职业基本伦理产生扭曲,唯利是图者比比皆是。

（3）受经济利益的诱惑，制售假宣纸现象屡禁不止，使正宗的宣纸走向市场受阻。

（4）多种现代化机械和化工产品正在不断取代传统的加工器具和用料，使得最具特色的宣纸传统工艺和原料的使用面临挑战，宣纸制作技艺体系的完整性面临威胁。

（5）不能以牺牲环境为代价来实现宣纸产业的可持续发展，已成为人们的共识。加上国家对环保的要求以及人们生活质量的提高，合理的达标排放是企业生产经营的基本要求。宣纸是传统产业，手工生产与大工业生产的排污量也有所区别，特别是耗水量大幅度超出机械造纸，要完整处理这些工业用水，必将耗尽宣纸目前仅有的利润，这是宣纸实现可持续发展的重要瓶颈。

三、已采取的行业保护措施及其实效评估

为使宣纸产业取得良好的发展，宣纸业内先后采取了一系列措施，对宣纸产业进行保护。具体措施如下：

（1）2000年，由泾县人民政府牵头，以县质量技术监督局为申报主体，中国宣纸集团公司完成了宣纸原产地域保护申报工作。同年8月，泾县被国家原产地域保护办公室批准为宣纸原产地（现为地理标志保护）。其保护范围为泾县，保护名称为宣纸。由于进门容易，加上监管措施不到位，有的企业已经改变了经营模式与规模，但"能上不能下"的运管机制导致保护力度不强，有些企业已名存实亡。

（2）泾县获得宣纸原产地保护后，经中国标准化委员会批准，将宣纸行业推荐性标准升格为强制性国家标准，改标准号QB/T3515—1999为GB18739—2002。2008年再次修订，加入原料产地等要求。由于市场推广时，对标准的认识程度不高，只有少数规范企业执行，大多数企业对宣纸标准置若罔闻。（图6-9）

（3）鉴于泾县名牌产品"红星"牌宣纸被外地厂商假冒的情况，1998年，中国宣纸集团公司组织申报中国驰名商标。1999年元月，"红星"牌宣纸商标被国家商标局认定为"中国驰名商标"。另有"汪六吉"牌和"汪同和"牌宣纸被评为"安徽省著名商标"。2006年，除了宣纸制作技艺被列入"第一批国家级非物质文化遗产名录"外，中国宣纸集团公司还于同年被批准为"中华老字号"。2009

宣纸标准
–
图6–9

年,宣纸传统制作技艺被联合国教科文组织公布为"人类非物质文化遗产代表作"。尽管如此,人们对保护宣纸制作技艺的认识还是不够。(图6–10)

宣纸制作技艺
为非遗代表作
–
图6–10

(4)2005年,泾县成立宣纸协会,采取行业自律的办法对产业进行管理,并创办了《中国宣纸》会刊,对业内企业进行宣传,同时促进宣纸制作技艺传承、行业发展等方面的研究。(图6–11)

(5)泾县乃至宣城市人民政府不断出台政策鼓励,保护宣纸产业,如《泾县促进宣纸、宣笔产业发展行动计划》《关于加快泾县宣纸书画纸产业发展的意见》《泾县宣纸书画纸行业管理暂行办法》及《宣纸、书画纸发展规划》(十二五、十三五)。2018年,宣城市为保护宣纸产业立法,制定了《宣纸保护和发展条例》。各项文件虽已出台,但因没有配套方案,很多工作仍然置放案头。(图6–12)

编印的《中国宣纸》

–

图6-11

《宣纸保护和发展条例》

–

图6-12

以上措施的实施虽取得了一定的成效，减缓了宣纸制作技艺传承链断裂以及宣纸产业走向衰落的步伐,但有的工作在开展过程中走形,导致保护不到位,没有从根本上采取措施,因此,这个产业面临的困难依然没有解决,境况堪忧。本书认为,宣纸制作技艺的传承和产业发展要从根本上走出困境,必须多层次、全方位进行规划。

四、宣纸制作技艺保护、传承问题的理论性思考

(一)建立传承与保护的机制

从本质上来说,宣纸制作技艺是我国民族传统手工文化的一部分。这种内含着我国传统民族创新智慧的传统手工技艺文明,只有具备强大的活力,才能传承和发展,其所承载的传统民族文化才会有活力,其现存的手工造纸传统工艺才能切实有效地发挥其文化载体的活化作用。技艺持有者所掌握的传统造纸工艺活力不应在"固化"的保护中实现,"活化"的保护和发展才是激发传统手工造纸工艺强大活力的根本。然而,这种活化的保护仅仅靠持有者勉强维持生产是不行的,其长效的机制应该是多管齐下的。宣纸制作技艺的认知体系的传承与保护就需要建立这种长效机制。梳理其主要内容,可以做如下表述:

1.法律、法规保护

法律法规是一种行政行为,是行政主体为体现国家权力,行使的行政职权

和履行的行政管理职责的一切具有法律意义、产生法律效果的行为。同时,从社会功能上来说,也是一种唤起人们对某一项事物与形态的认识与重视的行为。并且,往往社会形态上的认识可能会早于行政行为。单从非物质文化遗产保护角度出发,当时中国音乐讲习所的杨荫浏对苏南音乐、西安古乐的抢救性整理,使得人们还能听到《二泉映月》等经典乐章的同时,对道教音乐的保护也起到了决定性作用。他所做的一切比西方20世纪80年代提出的"音乐人类学"要早近半个世纪;90年代,我国以中科院自然所华觉民为首的一批专家,撰文呼吁从国家和政府层面加强民间民族文化保护。

联合国教科文组织考虑到非物质文化遗产与物质文化遗产、自然文化遗产存在着相互依存又有所区别的关系,为避免在全球化和社会转型期间,非物质文化遗产遭到损坏和遗失,于2003年在巴黎举行的第32届会议上通过了《保护非物质文化遗产公约》(下文简称《公约》),各缔约国按照《公约》,对本国的非物质文化遗产进行梳理与保护。

我国推行了民间民族文化保护(非物质文化遗产保护的前身)。2005年,在文化部的主持下,进行全国范围内的非遗调查。2006年,公布首批《国家级非物质文化遗产代表作名录》,宣纸制作技艺位列其中。目前,宣纸制作技艺已列入联合国教科文组织公布的《人类非物质文化遗产代表作名录》,宣纸制作技艺已进入全人类共同保护的视野。作为缔约国,我们有履约保护的义务和责任。因此,保护宣纸制作技艺,应该上升到国家文化发展的高度来认识。

国家法律高度下的保护:我国已经颁布了《中国非物质文化遗产法》,这是我国非物质文化遗产保护工作的根本性法律文件,需要我们从传承传统文化、实现民族伟大复兴的高度来认识,依法保护好我们的宣纸制作技艺。

需要地方建立相关法规具体保护:泾县尽管于2005年颁布实施了《促进宣纸、宣笔产业行动计划》,也成立了宣纸协会,但对于如何统管宣纸、书画纸、宣笔企业,对行业的规范运营、履约监督等方面所提甚少。同时,要成立专门机构,这些机构既有技术扶持、行业指导的义务,又有监督执法的权力,要将整肃宣纸行业规范操作放在保护的重要位置。

2.政府扶持

泾县宣纸制作技艺是一个时期、一个地方的文化记忆,尽管一直在延续,但在传承过程中有一定的变异,应该采用"政府补贴、民众参与"的办法,及时拯救在传承中变异并遗失的技艺及相关资料,建造一个公益性设施,保存当时的生产图片、资料和实物等。当地政府应当将宣纸文化保护工作纳入国民经济和社会发展计划,其保护经费通过政府划拨、社会捐助和接受国内外捐赠等多渠道筹集;积极推动宣纸文化生态保护区的建设,并切实加强管理;当地人民政府应当给予扶持,文化、民族宗教事务、建设、旅游、交通、发展计划等部门应当给予支持。同时,将宣纸文化教育纳入地方爱国主义教育范畴,使区域文化为更多的人所熟知。

3.合理利用文化资源,带动旅游,传播宣纸文化

旅游在当代以其多方位的精神生活消费效应和文化传播体验效应,成为社会关注的热点,同时也成为众多传统知识体系传承与保护得以实现的重要助推器。如何合理利用宣纸制作技艺的文化资源,带动地方旅游产业,也是值得认真思考的问题。一方面,通过旅游,可以在一定程度上开发传统知识体系蕴含的文化张力和技术经济张力,增强传统知识的产业整合活力和产业融合活力;另一方面,通过旅游,可以更为广泛地传播传统知识的文化影响力,增强传统知识产品的市场软实力和市场竞争力,进而增强传统知识生产性传承与保护的实力与能力。宣纸制作技艺先后被列入《国家级非物质文化遗产名录》和《人类非物质文化遗产代表作名录》后,对旅游产业的带动效应开始显现。首先,相当数量的国内外游客光顾泾县,游览领略宣纸制作技艺及其文化生态环境,使得宣纸制作技艺、宣纸文化得以在国内外传播。其次,唤起学术界体验、感悟、研讨宣纸的技术与文化,使宣纸制作技艺的传承与保护有了较好的社会文化氛围和传播路径。其三,宣纸制作技艺的活力和与旅游产业的融合力得以提升。在宣纸制作技艺传承保护与旅游资源整合时,要把握好整合的范围,切忌有意制造噱头和破坏性开发,以有助于宣纸产业的融合提升。

4.媒体宣传、传播

自2003年联合国教科文组织颁布《公约》以来,非物质文化遗产的相关内容进入了我国各类传播媒体的视野。尤其是自2006年国家宣布每年6月的第二个星期六为"文化遗产日"及公布第一批国家级非物质文化遗产代表作以来,围绕"文化遗产日"和"国家名录"的非物质文化遗产多方位和多维度的内容报道与展示成了各类传媒关注的焦点。这意味着非物质文化遗产已在主流传媒中取得了不可动摇的地位。在国家持续推进非物质文化遗产保护的当下,如何

发挥传媒在非物质文化遗产传承与保护过程中的积极作用，已成为非物质文化遗产传承与保护的社会综合系统工程，需要政府、学界和民众的协同参与。按照联合国教科文组织《公约》的规定，缔约国在保护非物质文化遗产的过程中，必须实施"向公众，尤其是向青年进行宣传和传播信息的教育计划"和"不断向公众宣传对这种遗产造成的威胁以及根据本公约所开展的活动"。同时，在《国务院办公厅关于加强我国非物质文化遗产保护工作的意见》(下文简称《意见》)的规定中，明确提出"鼓励和支持新闻出版、广播电视、互联网等媒体对非物质文化遗产及其保护工作进行宣传展示，普及保护知识，培养保护意识，努力在全社会形成共识，营造保护非物质文化遗产的良好氛围"。可见，对非物质文化遗产知识的普及、传承与保护意识的培养等任务已经成为社会知识化转型中出版、广播电视、互联网等大众传媒的基本功能和社会责任。宣纸制作技艺现已被国家和当地的各类媒体广泛关注，尤其是当地的主流媒体，给予了大量的报道与多视角的技术解读和文化解读，乃至相关产品和工艺的直接展示，这就将宣纸技艺传承与保护带入一个更为广阔的社会空间和更为广泛的社会保护环境中。

5.创新——传承与再创造

宣纸是在传统造纸术普遍传播、注入地方元素后诞生的地方纸种。在数千年的传承中，能被社会广泛地关注，这与历代宣纸制作技艺的传承者不断创新，不断赋予宣纸制作技艺新的生命力有着很大的关系。因此，对宣纸制作技艺最好的传承与保护方式，就是通过再创造，提升其在当下社会的生存能力和朝向未来的发展能力。只有在继承传统制作技艺——工艺技术与文化积淀的基础上进行的创新，才是切实可行的传承与保护途径。从传统知识的传承与保护进程来看，任何一种民族文化知识体系，想要整体地、原汁原味地保留，显然是不可能的。从总体上看，文化知识体系的保留或继承，只能是文化符号和文化因子的保留与传承。在当代社会知识化转型背景下，必然会赋予这些传统知识文化符号和因子新的意义。创新对任何事物来说，都是自我发展的动力，对于传统的古法造纸来说，也是如此。

宣纸制作技艺实际上是一种技术生命体和文化生命体共同存在的象征体，它不可避免地在与自然、社会、历史的互动中不断发生变异。这种变异，有正负两个方向，其负向为畸变——走向扭曲变形，导致自身技术与文化基因谱系的损伤乃至断裂;其正向便是创新,它能使宣纸的工艺技术作为非物质文化自身技术基因和文化基因,在面对新时代社会环境时,吐故纳新,顺应同化。其自我调节变革的结果,是手工造纸文化遗产传统价值观与现代理念交合转化的新生态,尽管外形已有所不同,其内里始终保持着手工造纸技术与文化基因谱系的连续性。这种积极创新,促使手工造纸传承与保护对象得以应时而变,推陈出新,生生不息。根据宣纸历史的演进历程,贯穿其中的,正是不同时期手工造纸传承人过去、现在和未来的创造活力。因此,他们的这种创新不仅保持了当地手工造纸独特的技术、文化基因,而且在原始手工技艺创新的氛围中,保持了传统技艺的生产活力,实现了保持手工造纸技术、文化基因和保持手工造纸生产活力的内在和谐统一,维护了手工造纸技艺体系的完整性和纯粹性。

(二)宣纸制作技艺面临的困境及对策建议

(1)建立复原专项资金,着力解决传统工艺技术复原和产品复原的资金短缺问题。

技术复原需要购置相当数量的木材、石料等材料,并制作大量的手工工具。这需要较大的资金投入,而企业没有这种投入能力,需要政府投入资金并加强推进力度,使宣纸制作技艺的技术复原工作取得实质性进展。

(2)建立传统工艺技术创新支持基金,解决宣纸制作技艺修复试验和生产资金严重不足的问题。

由于传统皮纸用途的萎缩,其工艺技术传承与保护的必然选择是开发新的产品或者拓展原有产品的用途。大量生产和传承也需要在原材料、工具等方面进行大量改进,需要投入的财力远远超过企业的承受能力。这就需要建立相应的基金,以保证其创新活动的持续进行。

(3)建立国家非物质文化遗产的产、学、研合作机制,提升传承人的专业素养和文化素质。宣纸、书画纸企业目前有300多户,实际从事手工造纸的主要有三代人:年过半百的老传承人,30~40岁年富力强的中青年传承人,少量20多岁的年轻传承人。各个年龄层次的传承人中,都有男性和女性,只是分工不同。但无论哪一个年龄层次,他们都有一个共同的问题:专业素质和文化素质亟待提高。中青年传承人和老传承人限于当时的条件,大多初中没有毕业;年轻的传承人现今有了一定的学习条件,但坚持上到高中的也不多。由于接受教育程度的限制,其专业素养和文化素质在某种程度上影响了技艺内在创造力的延续,从而制约了他们履行这一重要社会责任的能力。从我们调查的情况来看,通过让这些传承人脱产学习来提高是不现实的。切实可行的办法是,在政府的主导下,与国内相关研究机构和高等院校开展产、学、研合作。另外,在给予社会荣誉感的同时,还要提高他们文化传承的责任感,以承担宣纸制作技艺传承保护的历史重任。

宣
纸
著
述　㉿附
　　㉿录

　　一千多年来,记载宣纸的古文献散见于《历代名画记》《续资治通鉴长编》《钦定日下旧闻考》《万寿盛典初集》《钦定天禄琳琅书目》《墨池编》《御定佩文斋书画谱》《石渠宝笈》《六艺之一录》《文房四谱》《通雅》《类说》《元明事类钞》《御制诗集》《历代诗话》《松泉集》《朴学斋丛书》中;与产地进贡相关的最早文献有《旧唐书》《新唐书》《唐六典》等,地方文献与乡土记载的有《新安志》《徽州府志》《宁国府志》《宣州府志》《泾县志》《罗纹纸赋》《泾川风俗赋》《西园家谱》《小岭曹氏宗谱》等;与宣纸有亲缘关系的主要有《文房四谱》《澄怀录》《再寄满子权》《洞天清录》《格古要论》《负暄野录》《笺纸谱》《纸墨笔砚笺》《书禅室随笔》《人海记》《物理小识》《文房四谱》《竹屿山房杂部》《方舆胜览》《九经古义》《皇朝文鉴》《朱子语录》《歌诗篇》《诗集传》《金石录》《谢宣城集》《蜀笺谱》《遵生八笺》《至正真纪》《天工开物》《长物志》《历代诗话》《物理小识》《清秘藏》《格致镜原》《熙朝名画录》《飞凫语略》《午风堂丛谈》《国朝画征录》《国朝画识》《墨香居画识》《墨林今语》《清画家诗史》《八旗画录》《清代画史补录》《寒松阁谈艺琐录》《清画传辑佚》等;记载有宣纸原料的文献有《农政全书》《中国植物图鉴》《中国树木分类学》《中国造纸植物原料志》等。

　　自新中国成立以来,政府高度重视宣纸产业,社会关注宣纸业态,研究宣纸、颂扬宣纸的诗词歌赋、报道、论文著述频出,可谓灿若星河。作者群中有学者、作家、记者,也有业余作者、在校学生,参与人数之多,涉猎范围之广,可谓古来罕见,蔚为壮观。在所有著述文章中,内容大致可分为历史、工艺、产品、原料、文化、检测等,相对而言,宣纸的检测方面稍显薄弱,文章也相对较少。由于著述众多,在此仅列入嵌有"宣纸"名称的专著。

《宣纸与书画》,刘仁庆编著,中国轻工业出版社于1989年出版;

《中国宣纸》(第一版),曹天生编著,中国轻工业出版社于1993年出版;

《中国宣纸艺术节国际研究讨论会论文选编》,由泾县人民政府办公室于1995年编印;

《中国宣纸》(第二版),曹天生编著,中国轻工业出版社于2000年出版;

《中国宣纸史》,曹天生编著,中国科学技术出版社于2005年出版;

《宣纸制造》,潘祖耀编著,中国林业出版社于2007年出版;

《国宝宣纸》,刘仁庆编著,中国铁道出版社于2009年出版;

《中国宣纸工艺》,周乃空编著,香港银河出版社于2009年出版;

《中国宣纸史话》,吴世新编著,中华国际出版社于2009年出版;

《宣纸古今》,高莆棠编著,河南美术出版社于2012年出版;

《青少年应该知道的宣纸》,王传贺、王谦编著,泰山出版社于2012年出版;

《宣纸》,黄飞松、汪欣编著,浙江人民出版社于2014年出版;

《宣纸初识》,曹天生编著,经济科学出版社于2014年出版;

《宣纸教材》,宣城市工业学校,安徽科学技术出版社于2014年出版;

《中国宣纸史》,吴世新编著,山西经济出版社于2016年出版;

《宣纸志》,泾县地方志编纂委员会编,方志出版社于2019年出版。

另外,还有《中国宣纸发祥地·丁家桥故事》,由曹天生主编,共六辑,第一辑由安徽人民出版社出版(2011年);2012至2018年,由合肥工业大学出版社出版后五辑。

2017年下半年,我参加安徽省科普作家协会常务理事会,其中的一位副理事长是安徽科学技术出版社社长丁凌云。他在会议间隙与我聊到有意出版一套"安徽省非遗代表作丛书"。时过两个月,就接到科技出版社余登兵主任的电话,传达了社里让我写《宣纸》的任务。我当时认为,现在的宣纸论文与著述很多,几乎每一本书都有炒冷饭的嫌疑。再者,我已写过这样的书了,并执行主编了泾县地方志编纂委员会启动的《宣纸志》,即便怎么辗转腾挪,也无法避免重复。如一本书重复过多,如何向别的作者、读者和出版社交代?

　　是年底,我到南京开会,遇上久未谋面的中科院自然科技史所的华觉民先生。华先生曾在我两次负责宣纸申遗时给过无私的、莫大的帮助,使我的工作开展得很顺利,也使宣纸申遗少走了很多弯路。我从心底佩服与尊重这样一位德高望重的前辈。在聊到近况时,他说:"你一定要做好这个项目,如果别人接了这个项目,断章取义抄你的,或者乱写一气,你到时候后悔都来不及!""一本书只要有一定量的新意,就能算你个人研究成果。"他的一席话让我茅塞顿开。随后,出版社又先后三次召集我们开会;安徽省文化厅不仅有领导参会,还派员跟进这个项目。在我热衷于调查与写作的人生旅程中,从未得到过如此的关爱。在倍感温暖与欢欣的同时,更感到诚惶诚恐,怕完成不了这么好的项目,对不起所有推动这个项目进程的人。

　　回归宣纸行业,并不像局外人看到的一片歌舞升平,产业看似如日中天,实则面临内忧外困。外困的是,随着其他手工纸传统文化功能的弱化,为了生存,它们不得不傍上宣纸这个"大牌",挤占宣纸市场。内忧的是,业内人士为了降低成本,将一些低成本的材料引进,后期采用宣纸成纸的做法,做出外形像宣纸的手工纸,蚕食宣纸市场。在企业人员配置上,即便走进正宗制作宣纸的企业,看见的工人也大多是50岁开外。在宣纸的对外宣传上,也是各占阵地,有抢产地的,有抢正统的,更有甚者,将自己的先祖也抬出来说事。还有一些人高谈阔论"宣纸发展应该如何如何""如何如何才能更好传承""工艺应该如何如何改才会有出路"……有落地的可行性吗?

　　宣纸生于泾县,长于泾县。从唐代流传至今,一直与泾县社会经济发展荣辱与共,在相互给养中,泾县成了闻名中外的"宣纸之乡"。而今,宣纸技艺的传承如同一位满腹经纶却又风烛残年的老人,尽管社会文化生活需要宣纸存活,宣纸本身却挡不住岁月对她的侵蚀。

　　恰在此时,安徽省文化和旅游厅、安徽科学技术出版社推动了《安徽省非物质文化遗产丛书》的出版事宜,我作为其中的参与者,向本丛书主编安徽艺术学院党委书记、院长樊嘉禄教授,向始终关注这项工作的安徽省文化和旅游厅汪顶胜处长、左金刚副处长、宋煦女士,安徽科学技术出版社的丁凌云社长、蒋贤骏总编辑和为此书忙前忙后的编辑部主任余登兵先生,向所有为本书出版付出努力的工作者致以崇高的敬意和深深的感谢。没有他们,就没有本书的诞生!

2019年5月